C Programming
Experimentation

C语言
程序设计实验教程

潘 萌 张 杰 狄红卫 编著

暨南大学出版社
JINAN UNIVERSITY PRESS

中国·广州

图书在版编目（CIP）数据

C 语言程序设计实验教程／潘萌，张杰，狄红卫编著 . —广州：暨南大学出版社，2020. 5
ISBN 978 – 7 – 5668 – 2889 – 7

Ⅰ. ①C…　　Ⅱ. ①潘… ②张… ③狄…　　Ⅲ. ①C 语言—程序设计　　Ⅳ. ①TP312. 8

中国版本图书馆 CIP 数据核字（2020）第 055524 号

C 语言程序设计实验教程
C YUYAN CHENGXU SHEJI SHIYAN JIAOCHENG
编著者：潘　萌　张　杰　狄红卫

- -

出 版 人：张晋升
责任编辑：曾鑫华
责任校对：刘舜怡　王燕丽
责任印制：汤慧君　周一丹

出版发行：暨南大学出版社（510630）
电　　话：总编室（8620）85221601
　　　　　营销部（8620）85225284　85228291　85228292　85226712
传　　真：（8620）85221583（办公室）　85223774（营销部）
网　　址：http：//www. jnupress. com
排　　版：广州市天河星辰文化发展部照排中心
印　　刷：深圳市新联美术印刷有限公司
开　　本：787mm×1092mm　1/16
印　　张：12. 25
字　　数：320 千
版　　次：2020 年 5 月第 1 版
印　　次：2020 年 5 月第 1 次
定　　价：35. 00 元

（暨大版图书如有印装质量问题，请与出版社总编室联系调换）

前　言

随着科学技术与社会的高速发展，程序设计已成为国内外理工科大学生需要掌握的一项重要技能。作为计算机程序人员的一种通用语言，C 语言程序设计的相关理论课、实验课被广泛开设，专业教材的建设在教育战略上显得举足轻重。

目前，关于 C 语言程序设计实验的教材较多，本书在内容上注重面向学生，旨在鼓励和帮助学生掌握基本语法内容，进而拓展思维、开发个人能力。本书的特色具体表现为：

1. "精要"与"详尽"相结合。对于每章的语法要点，我们首先进行全面、精要的"语法总述"，然后进行"例子分述"，在例子的选取和解析上尽量丰富和详尽。

2. "循序渐进"地提高能力。在实验设计上充分考虑"渐进"性，每一章都包含基本知识、例程分析、实验内容（基本实验、问题与思考、综合与拓展）。

（1）注重基础的"基本实验"。每一章的基本实验围绕基本语法知识，并与例程的相关度较高，深度集中于学习者实践中可能发现的基本问题以及感兴趣的问题。

（2）拓展思维的"问题与思考"。我们在"基本实验"之后设置了"问题与思考"，通过有趣且略有难度的问题激发学生的学习兴趣，帮助学生对基本内容提出问题、展开思考，既巩固基本内容的学习又训练学生观察现象进而提出有意义的问题，最终达到拓展思维的目的。

（3）开发个人能力的"综合与拓展"。这部分实验要求学生完成更综合、更有挑战性的实验。目的是让已经产生兴趣和自信的学生感受到难度和挑战，通过实验过程体会个人能力的发展，进而提高综合编程能力。

3. 亲和的语言风格和丰富的图示。书中的内容主要是面向初学者，语言力求深入浅出、条理清楚。为了便于读者理解，我们对知识的要点、难点部分绘制了图示。

另外，考虑到整体知识的渐进性，我们在表达上也进行了相应的处理。前三章的例程解释非常周详细致，以满足初学者的需要；之后，随着知识的深入，例程解释会侧重于当前的重点问题。

总之，我们希望，无论是计算机专业还是非计算机专业的人员，无论将其用作 C 语言教学教材还是用作参考书，都能从中获益。

本书的实验部分包括九章，其中第一至四章及实验参考程序由张杰编写，第五至八章及实验参考程序由潘萌编写，第九章及实验参考程序由狄红卫编写。

编　者
2019 年 10 月

目　录

第1章 入门——简单 C 语言程序的实现

1.1 基本知识

自计算机诞生以来，计算机科学、信息科学得到了迅猛发展，计算机已成为诸多领域的重要工具。人们通过向计算机输入得当的指令来驱使计算机处理各种作业，这些指令的集合称为计算机程序。计算机程序由计算机语言编写而成。

二进制编码表达的程序指令称为机器语言，可以被机器直接执行，但对程序人员来说不直观，不易理解和掌握。高级计算机语言编写的指令不依赖于机器，并更接近于自然语言和数学语言，易于理解与掌握，可以使用"编译器"将其翻译成机器可识别的机器码，进而由机器执行，实现对计算机的控制。

C 语言是高级语言，创建和执行 C 语言程序需要进行如图 1-1 所示的步骤。

编辑生成 f.c ▶ 编译生成 f.obj ▶ 链接生成 f.exe ▶ 执行 ▶ 结果

图 1-1

1.1.1 C 语言程序的初步知识

C 语言是面向过程的结构化程序设计语言，具有简洁、紧凑、灵活的特点。一个 C 语言程序，无论大小如何，都是由函数和变量组成的。函数中包含若干语句，用以指定要执行的操作；变量则用于存储操作过程中使用的值。

为了使大家能够尽快地编写出有用的程序，我们先来编写一个最简单的 C 语言程序，实现向用户屏幕输出字符：

```c
/*用于输出字符串 hello,world*/
#include <stdio.h>
main()
{
    printf("hello,world");
}
```

说明：

（1）这段 C 语言程序可以实现向用户屏幕输出 hello,world 的字样。第一行称为注释，用于解释程序。包含在/*与*/之间的文字可以出现在程序中任何需要进行注释的位置，它们不参与编译和执行。注释可以自由地在程序中使用，便于程序的理解。

（2）名字()是函数的形式。main 是一个函数，每一个 C 语言程序都是从 main 函数的起点开始执行的，即每个程序都必须在某个位置包含一个 main 函数。

（3）main 函数通常会调用其他函数来帮助完成某些工作，相应的调用语句用一对大括号{ }括起来。main 函数的基本形式：

main()
{
　　　语句
}

（4）语句末尾使用分号作为结束符号。

（5）被调用的函数可以是程序人员自己编写的，也可以来自函数库。这里我们调用定义在 stdio.h 中的标准库函数 printf，因此需要在程序的前方使用#include <stdio.h>来"包含"标准头文件 stdio.h。

（6）函数的调用可以通过给出函数的名字，再跟上圆括号括起的"参数"来实现，如 printf("hello,world")，圆括号内的部分为函数参数。

1.1.2　printf 函数的基本用法

printf 函数是一个定义在标准输入输出头文件 stdio.h 中的通用输出函数。语句：
printf("hello,world");
用以输出双引号内的字符 hello,world。语句：
printf("*******");
则输出 7 个*。

1.2　开发环境介绍

我们可以使用相当多的工具来开发自己的 C 语言程序，在这里简要介绍如何使用 Visual C++ 6.0、Dev-C++这两种开发环境来编辑、编译和运行 C 语言程序。

1.2.1　Visual C++ 6.0 的使用简介

一、进入 Visual C++ 6.0

安装 Visual C++ 6.0 后，双击快捷方式图标，出现如图 1-2 所示的窗口。

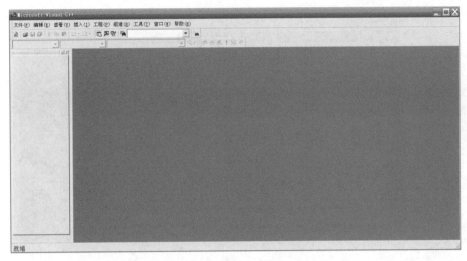

图 1-2

二、建立 C 语言源程序

在菜单中选择"文件"→"新建",出现如图 1-3 所示的窗口。

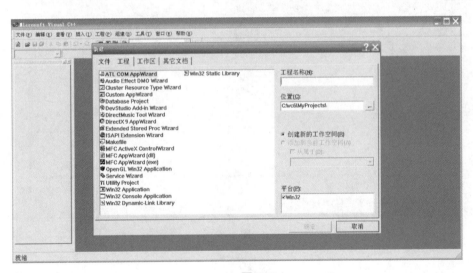

图 1-3

打开文件菜单,选择 C++ Source File,如图 1-4 所示。在对话框中输入源程序名,使用.c 扩展名表示 C 语言源程序,不写扩展名系统会默认为 C++源程序,并自动保存成.cpp 文件。

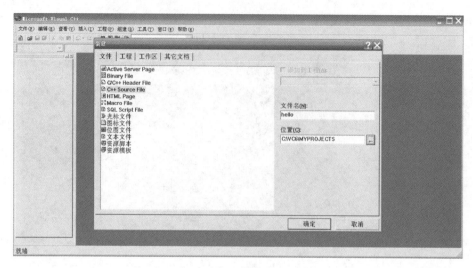

图 1-4

按"确定"后出现编辑窗口，在编辑窗内编辑代码，如图 1-5 所示。

图 1-5

三、编译和链接

在编辑和保存源文件 hello.c 后，打开组建（Build）菜单，选择编译（Compile），如图 1-6 所示。

图 1-6

单击编译后，会出现如图 1-7 所示的对话框，询问是否同意建立一个默认的项目工作区，单击"是"，开始编译。

图 1-7

编译系统检查是否有编译错误，并进行提示，最后获得目标程序 hello.obj，如图 1-8 所示。

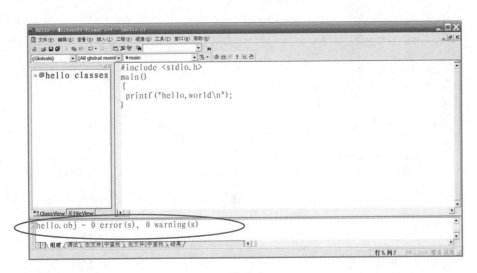

图 1-8

打开组建（Build）菜单，选择组建（Build），对目标程序 hello.obj 进行链接，如图
1-9 所示。

图 1-9

如图 1-10 所示，调试信息窗中会显示链接信息，没有发现错误便会生成扩展名为.exe
的可执行文件 hello.exe。

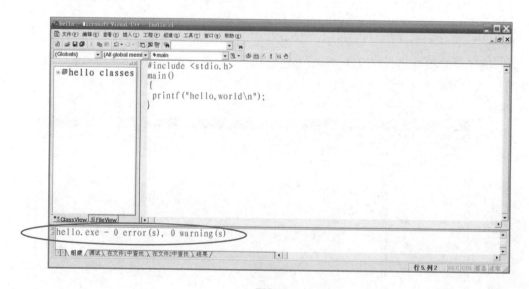

图 1-10

四、执行

打开组建（Build）菜单，选择! 执行（! Execute），开始执行程序，获得运行结果，

如图 1-11、图 1-12 所示。

图 1-11

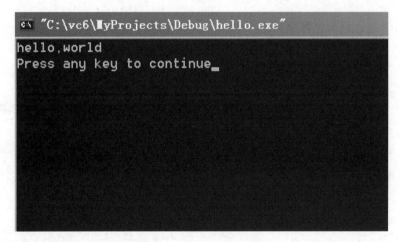

图 1-12

1.2.2 Dev-C++ 的使用简介

一、进入 Dev-C++开发环境

打开 Dev-C++的开发界面，如图 1-13 所示。

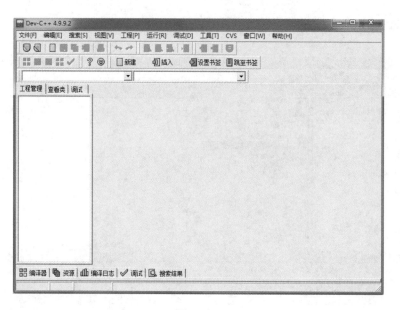

图 1–13

二、建立 C 语言源程序

在菜单中选择"文件"→"新建"→"源代码",如图 1-14 所示。

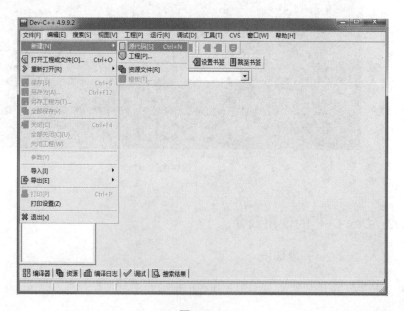

图 1–14

接下来,我们可以设置编辑器的属性。在菜单中选择"工具"→"编辑器选项",对编辑器进行设置，如图 1-15、图 1-16 所示。

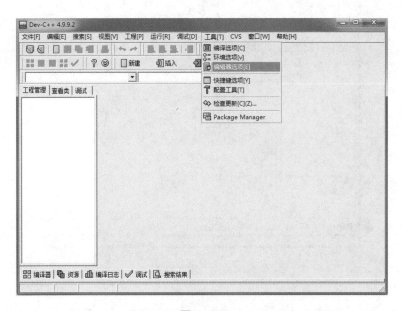

图 1-15

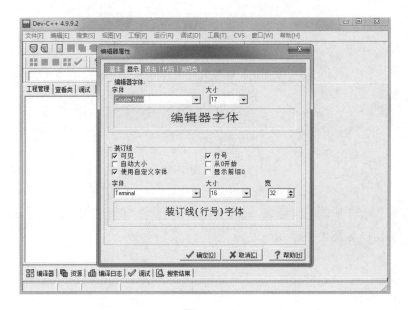

图 1-16

这样我们就可以在编辑窗中编辑 C 语言程序了，如图 1-17 所示。

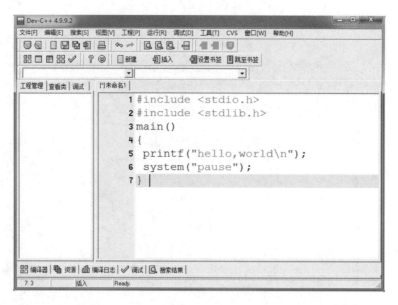

图 1-17

编辑完成后，在菜单中选择"文件"→"另存为"进行保存，如图 1-18 所示。

图 1-18

将程序保存在所需的路径下，输入文件名，注意将"保存类型"选为 C source files(*.c)，点击保存即可，如图 1-19 所示。

图 1-19

三、编译

在菜单中选择"运行"→"编译",如图 1-20 所示。成功编译时,错误提示为 0,如图 1-21 所示。

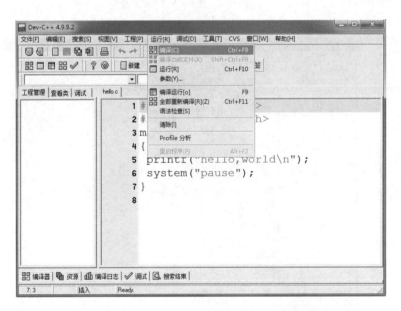

图 1-20

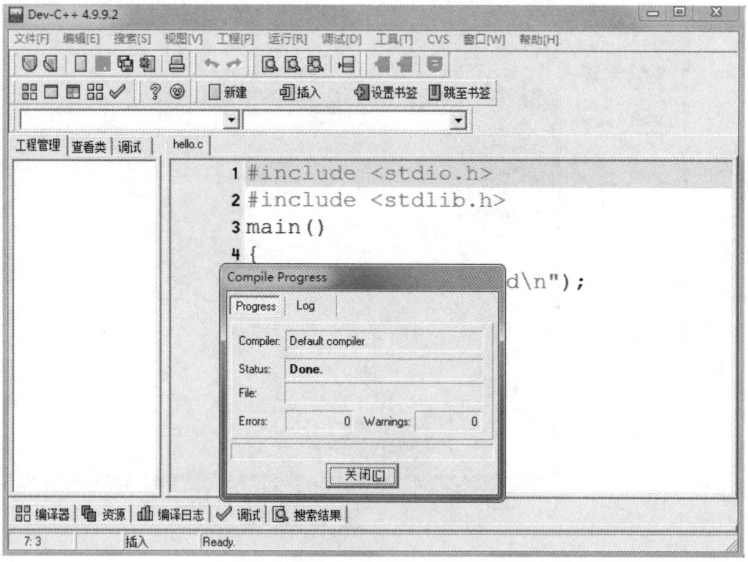

图 1-21

四、运行

在菜单中选择"运行"→"运行",如图 1-22 所示。

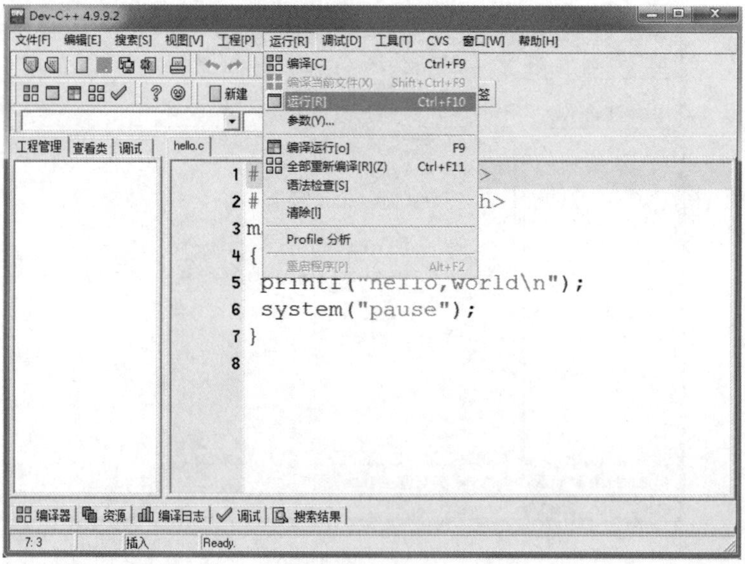

图 1-22

可以看到输出结果,如图 1-23 所示。

图 1-23

1.3 例程分析

我们使用刚学的初步知识来实现一些字符的输出，请仔细观察例程的各个细节。

【例 1-1】

```
01   #include <stdio.h>
02   #include <stdlib.h>
03   /*打印 hello,world */
04   main()
05   {
06       printf("================\n");
07       printf("    hello,world\n");
08       printf("================\n");
09       system("pause");
10   }
```

输出结果如图 1-24 所示。

图 1-24

例程解释：

（1）第 1、2 行的#include 为编译预处理的文件包含。main 函数中调用的 printf 函数在标准头文件 stdio.h 中被定义，system 函数在标准头文件 stdlib.h 中被定义，它们可以在文件包含之后的程序中被使用。

（2）第 3 行是注释行，/*与*/之间的内容用于对程序进行说明，它可以出现在程序的任何位置。注释行不会被编译和执行。

（3）程序从 main 的起点开始执行，即第 5 行的左"{"执行到第 10 行的右"}"结束。

（4）标准 C 语言要求，必须以分号作为一个语句的结束，而不是句号、逗号或其他符号。

（5）main 函数调用 printf 函数，输出双引号内的每个字符。在这里，printf 的参数是圆括号内的部分。

（6）第 6、7、8 行语句的双引号内出现了\n，它表示换行符，在输出时会使光标换行。

（7）第 9 行的 system("pause");语句，用于暂停程序的运行，便于观察用户屏幕的输出情况。

1.4　实验内容

1.4.1　基本实验

【内容 1】

（1）在 C 语言开发环境下编辑【例 1-1】，编译，并记录提示信息。运行并获得如图 1-24 所示的结果。

（2）若出现错误提示，请仔细与例程对比，记录每一次运行的信息提示与结果。注意：

① 每个字符的正确输入、字母的大小写、空格。

② 是否有多输入或漏输入。

③ 字符（包括标点符号）应为英文半角状态。

【内容 2】

参照【例 1-1】编写程序，输出你的个人信息，如图 1-25、图 1-26 所示。

图 1-25

```
Name         Li Xiaohua
Sex          F
Student NO.  2018056416
Department   Department of Mathematics
Source       Quanzhou, Fujian province

请按任意键继续. . .
```

图 1-26

1.4.2　问题与思考

【问题与思考 1】

对【例 1-1】进行如下处理：

（1）删除其中一句末尾的分号，记录编译结果。

（2）删除函数的圆括号，分析记录编译结果。

（3）删除程序末尾的}，分析记录编译结果。

（4）删除第 6 到 8 行 printf 前面的空格，观察记录编译运行结果。

（5）变换{}内各语句的次序，观察记录编译运行结果。

（6）将第 6 行和第 7 行编辑在同一行，观察记录编译运行结果。

【问题与思考 2】

（1）将 printf("　　hello,world\n");编辑成 printf("hello""world\n");

或 printf("hello"　"world\n");，观察记录编译运行的结果。

（2）分别将 printf("　　hello,world\n");写成

printf("hello"
　　　　"world\n");

和

printf
　("hello
　　　world\n");

观察记录编译运行的结果。

（3）对程序的其他部分做类似上述的改动，观察记录编译运行的结果。

1.4.3　综合与拓展

【练习 1】输出如图 1-27 所示图形，在每个语句末尾添加注释。

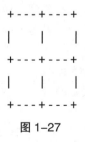

图 1-27

【练习 2】使用*构造一个大写英文字母 A 的图形，观察完成的过程，寻找每个输出行的输出规律。你还可以尝试构造其他字符，或者你名字的拼音缩写。

第2章 数据类型、运算符与表达式

2.1 基本知识

在这一章，我们学习标准 C 语言的基本数据类型，相关的输入输出格式，运算符，以及由操作数和运算符构成的表达式。

2.1.1 数据类型

C 语言的数据类型如图 2-1 所示。常用基本数据类型见表 2-1。

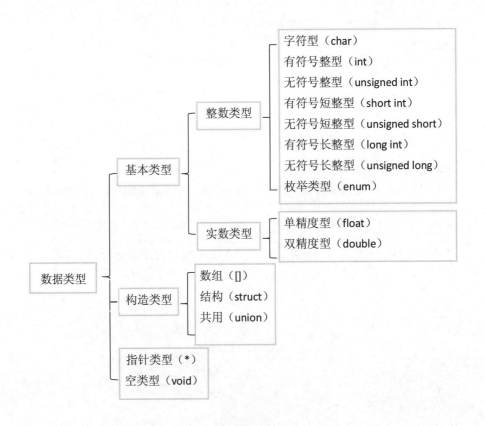

图 2-1

表 2-1　常用基本数据类型

类型名称	关键字	数据长度（字节）	常用输入输出格式
普通整数	int	2 或 4	%d
单精度浮点数	float	4	%e %f %g
双精度浮点数	double	8	%e %f %g
字符	char	1	%c

对于基本数据类型的输入输出，表 2-2 中给出了定义在标准库 stdio.h 中的几个常用输入输出库函数。

表 2-2　常用输入输出库函数

函数形式	函数功能
int getchar(void)	返回从输入中读取的一个字符，到达文件末尾或出错时返回 EOF
int putchar(char c)	输出字符 c，返回输出的字符，出错时返回 EOF
char *gets(char *s)	把下一输入行读入到数组 s 中，将末尾的换行符替换为'\0'，遇到文件末尾或发生错误，返回 NULL
int puts(char *s)	输出字符串 s 和一个换行符，返回非负数，出错时返回 EOF
int scanf(F,...)	根据格式 F 从输入中读取数据，将转换后的值赋值给后续的各个参数，各参数必须为指针（地址）；返回实际被转换、赋值的输入项的数目，到达文件末尾或出错时返回 EOF；对于浮点数，定义为 float 类型
int printf(F,...)	根据格式 F 输出各数据项；返回值为写入的字符数，出错时返回负数；对于浮点数，定义为 double 类型

2.1.2　常量与变量

一、常量

1.整数常量

例如代码中出现：235、235678L、566U、56688UL，分别表示普通整数、长整数、无符号整数、无符号长整数，U、L 或 u、l 为后缀。

整数常量也可以用八进制、十六进制来表达，如十进制数 31，可以表达为八进制 037，0 为前缀；也可以表达为十六进制 0x1f 或 0X1F，0x、0X 为前缀；十六进制无符号长整数 0X1FUL，对应十进制整数 31UL。

2.浮点数常量

浮点数常量可以写成 m.dddddd 或 m.dddddd e±xx，例如 125.3 或 1.253e+2。没有后缀的浮点常量为 double 类型，后缀 f 或 F 表示 float 类型，而后缀 l 或 L 表示 long double

类型。

3.字符常量

字符常量是一个较小的整数，书写时将一个字符括在单引号中，例如'A'、'1'。字符常量的值是该字符在机器字符集中的值，如果使用 ASCII，则为 ASCII 表中对应的整数值。例如，字符常量'1'的值为十进制整数 49。

C 语言使用转义字符来表示看不见或难以输入的字符，如'\n'表示换行符，单引号内看起来有两个字符，但它们只表示一个字符。表 2-3 给出了常用转义字符。

表 2-3　常用转义字符

转义字符	含义	ASCII 码值（十进制）
\a	响铃（bell）	7
\b	退格（backspace）	8
\n	换行（newline）	10
\r	回车（carriage return）	13
\t	水平制表（horizontal tab）	9
\v	垂直制表（vertical tab）	11
\\	反斜杠	92
\'	单引号	39
\"	双引号	34
\0	空操作符（null）	0
\ooo	三位八进制数表示的 ASCII 字符	
\xhh	x 开头的二位十六进制数表示的 ASCII 字符	

4.字符串

字符串常量是指用双引号括住的 0 个或多个字符组成的字符序列。双引号不是字符串的一部分，它用于限定字符串。此外，字符串的末尾还有一个未显示出的字符串结束符'\0'。例如"naughty boy"，加上字符串结束符'\0'在内，一共 12 个字符。

在字符串中用 \" 表示双引号，例如"\"naughty boy\""，此时字符串中包含双引号。

5.符号常量

使用：

#define 名字 替换文本

来声明符号常量，编译时在程序中出现的名字会自动替换成替换文本，例如

#define FORMAT "%d,%f"

程序中出现 FORMAT 的地方在编译时会自动替换成"%d,%f"。

6.枚举常量

枚举常量是一个常量整型值的列表，如 enum boolean {NO, YES}，第一个枚举名的值为 0，第二个为 1，以此类推。

二、变量

变量，是指在程序的运行过程中，其值可以改变的量。标准 C 语言在变量命名时有以下几个注意事项：

（1）变量名字由字母、数字和下划线组成，第一个字符必须是字母或下划线。由于库例程序常由下划线开头，因此我们通常不用下划线作为变量名的开头。

（2）区别大小写字母。例如 Max 和 max 是两个不同的名字。变量名常使用小写字母，符号常量名全部使用大写字母。

（3）C 语言的关键字不能用作变量名。

（4）变量起名时尽量做到"见名知义"。

2.1.3　运算符

表 2-4 给出了 C 语言的各个运算符及其结合性。表中运算符的优先级从上到下、从左列到右列递减，优先级最高为()、[]、->和.运算符，运算符的优先级最低。

表 2-4　运算符及结合性

运算符	结合性	运算符	结合性
()　[]　->　.	从左至右	^	从左至右
!　~　++　--　+　-　*　&　(type) sizeof	从右至左	|	从左至右
*　/　%	从左至右	&&	从左至右
+　-	从左至右	||	从左至右
<<　>>	从左至右	?:	从右至左
<　<=　>　>=	从左至右	=　+=　-=　*=　/=　%=　&=	从右至左
==　!=	从左至右	^=　|=　<<=　>>=	从右至左
&	从左至右	,	从左至右

运算符归类：

（1）算数运算符：+　-　*　/　%

（2）自增、自减运算符：++　--

（3）关系运算符：<　<=　>　>=　==　!=

（4）逻辑运算符：&&　\|\|　!

（5）位运算符：<<　>>　&　|　~

（6）赋值运算符：=

（7）复合赋值运算符：+=　-=　*=　/=　%=　&=　^=　|=　<<=　>>=

（8）条件运算符：?:

（9）指针运算符、取地址运算符：*　&

（10）取成员运算符：.　->

（11）下标运算符：[ ]

（12）求字节数运算符：sizeof

（13）强制类型转换运算符：(type)

（14）逗号运算符：,

2.1.4　表达式

由运算符和操作数按 C 语言的语法规则构成的式子即是表达式。例如，

int x=3,int y=5;/*定义整型变量 x 和 y，定义的同时进行初始化*/

x=3 为赋值表达式，赋值符号为运算符，x 和 3 为操作数；类似的，x+x*y 为算术表达式；(x>0)&&(x<y)为逻辑、关系表达式，等等。

2.2　例程分析

在这里，同学们会遇到一些比较细节的问题，需要付出一些耐心，但这是值得的。

【例 2-1】字符、整数与字符串的输出。

```
01   #include <stdio.h>
02   #include <stdlib.h>
03   main()
04   {
05       char c;
06       int x;
07       c='A';
08       printf("%c,%d\n",c,c);/*分别使用字符和整数格式输出 c*/
09       c+=32;
10       printf("%c,%d\n",c,c);
11       printf("%c,%d\n",'0','0');
12       x='3'-'0';
13       printf("%d\n",x);
14       printf("a good day!\n");
15       c=getchar();
16       putchar(c);
17       putchar('\n');
18       system("pause"); /*不是必须的，仅用于暂停*/
19   }
```

运行结果如图 2-2 所示：

图 2-2

例程解释：

（1）变量须先声明再使用，第 5 行我们定义了字符变量 c，char 用于定义其后的变量为字符类型。第 6 行定义了 int 类型变量 x。

（2）第 7 行对变量 c 赋值。注意字符常量的表示方法，用单引号括起的单个字符，如'A'。另外，字符本身是较小的整数（ASCII 字符集中对应的整数值），它可以和整数进行算术运算，如'A'+32=65+32=97。

（3）标准输入输出库 stdio.h 中定义了格式输出函数 printf(格式字符串,变量列表)（见表 2-2）。格式字符串是由一对双引号括起的字符串，%部分为格式说明，输出时替换为变量列表中的相应变量值；其他普通字符原样输出。

（4）第 8 行，printf("%c,%d\n",c,c) 的格式说明部分"%c,%d\n"，执行时以%c 的格式输出变量 c 的字符形式，即我们在输出的第一行中看到的 A；以%d 的格式输出变量 c 的整数形式，即我们在输出的第一行中看到的 65，这是字符'A'在 ASCII 字符集中对应的整数值；"%c,%d\n"中的逗号和换行符'\n'被原样输出，'\n'的输出效果是光标换行。

（5）第 9 行，c+=32;，等价于 c=c+32;，即 c='A'+32，整数结果为 97，在 ASCII 字符集中对应字符'a'。第 10 行，分别使用字符和整数格式输出这个新的 c。

（6）第 11 行，我们分别用%c 和%d 输出字符常量'0'，如图 2-2 所示，字符'0'的整数值为 48。

（7）第 12 行中的'3'-'0'是一个算术表达式，进行减法运算的是'3'和'0'的整数值，即 51-48=3，将这一结果赋值给整型变量 x。第 13 行，使用格式%d 输出 x，如图 2-2 所示。

（8）第 14 行输出了双引号内的字符串，共 13 个字符，别忘记没有显示出的字符串结束符'\0'。

（9）第 15 行调用库函数 getchar()，从输入流中读取单个字符（键盘输入字母 D），并返回该字符作为函数值赋值给变量 c。

（10）第 16 行调用库函数 putchar()，以字符形式输出变量 c。

（11）函数 getchar()和 putchar()都只能处理单个字符。

（12）第 17 行输出换行符。用户屏光标来到新的一行。

【例2-2】实数的算术运算。设计程序输入圆半径，计算输出圆面积；输入三角形底边和高，计算并输出三角形面积。

```
01    #include <stdio.h>
02    #define PI 3.14159
03    main()
04    {
05        float r,area;/*声明变量 r 和 area，分别对应圆的半径与面积*/
06        scanf("%f",&r); /*键盘读入半径 r 的值*/
07        area=PI*r*r;
08        printf("%6.2f\n",area);
09        float base_side,height;/*声明三角形底边和高*/
10        scanf("%f%f",&base_side,&height);
11        area=1.0/2.0*base_side*height;
12        printf("%6.2f\n",area);
13    }
```

运行结果如图2-3所示：

图 2-3

例程解释：

（1）第2行使用#define声明符号常量PI，编译时将程序中的PI替换为3.14159。

（2）第5行使用关键字float声明单精度浮点变量r和area。

（3）标准输入输出库中定义的格式化输入函数scanf(格式字符串,变量地址列表)（参考表 2-2）。格式字符串是由一对双引号括起的字符串，%部分为格式说明，输入时按格式读取数值存放到变量地址列表的相应地址中。

（4）第6行，scanf("%f",&r)，读入单精度浮点数据保存到变量r的地址中（运算符&用于取r的地址），运行程序后我们从键盘输入10.0，再按回车结束输入。

（5）第8行的格式说明%6.2f，表示输出单精度浮点数据，至少占6个字符宽度（含小数点），其中小数部分2列，不够6列左边补空格。

（6）第 10 行，scanf("%f%f",&base_side,&height)，每个格式说明%f 需要一个 float 类型数据的地址来对应，执行时键盘读入两个实数8.0和2.0，依次被保存到变量base_side和height的地址中。注意代码里"%f%f"没有空格间隔，而读入时用空格间隔两数。

（7）请留意第7行和第11行算术表达式中各部分的写法。如果将11行中的1.0/2.0替换成1/2会有怎样的结果？为什么？

【例 2-3】自增运算符++和自减运算符--。我们使用关键字 int 声明两个整型变量 x、y，每次都先对 x 赋值 10，观察自增运算符的作用。

```
01    #include <stdio.h>
02    main()
03    {
04        int x,y;
05        x=10;
06        y=x++;
07        printf("x=%d\ty=%d\n",x,y);
08        x=10;
09        y=++x;
10        printf("x=%d\ty=%d\n",x,y);
11        x=10;
12        x++;
13        y=x;
14        printf("x=%d\ty=%d\n",x,y);
15        x=10;
16        ++x;
17        y=x;
18        printf("x=%d\ty=%d\n",x,y);
19    }
```

运行结果如图 2-4 所示：

图 2-4

例程解释：

（1）对比第 6 行和第 9 行，前者++在 x 的后面，执行时先将 x 的值赋给 y，再对 x 自增 1；后者++在 x 的前面，执行时先对 x 自增 1，再将其值赋给 y。二者输出结果中，x 均为 11，而 y 的值有差别，如图 2-4 所示。

（2）第 12 行和第 16 行，在一个语句中单独使用自增运算符，均表示对变量 x 自增 1，自增运算符放在变量前或后不影响结果。

（3）调用格式输出函数 printf("x=%d\ty=%d\n",x,y)，用于输出变量 x、y 的值。我们先把与格式说明有关的部分找出来，即%d，它们按顺序与变量列表中的各变量相对应，输出时两个%d 分别替换为 x、y 对应的十进制整数值。其他非格式说明部分的字符会原样输出，如 x=、y=等，请观察输出结果，注意代码中的转义字符\t 在输出中表现为 4 个连续空格。

【例 2-4】关系、逻辑运算符。在生产生活中，一些参量通常会在一定范围内取值，例如，人体血压的正常范围：90mmHg<收缩压<140mmHg，60mmHg<舒张压<90mmHg，使用 sbp 表示收缩压，dbp 表示舒张压。某人的收缩压为 100mmHg，舒张压为 70mmHg，以下代码中变量 flag 的输出值为 1 时表示该血压正常，为 0 时表示血压不正常。

```
01    #include <stdio.h>
02    main()
03    {
04        int sbp=100,dbp=70,flag;
05        flag=(sbp>90 && sbp<140) && (dbp>60 && dbp<90);
06        printf("flag=%d\n",flag);
07    }
```

运行结果如图 2-5 所示：

```
flag=1
```

图 2-5

例程解释：

（1）第 4 行，int sbp=100,dbp=70,flag;在代码中通过赋值指定了收缩压和舒张压的值，调用函数 scanf 使用键盘读入的方式可以使程序更灵活。变量 flag 是血压是否正常的标志，其结果若为 1 表示血压正常。

（2）第 5 行中，优先级最低的运算符是赋值运算符"="，它在最后被执行。

（3）第 5 行，(sbp>90 && sbp<140) && (dbp>60 && dbp<90)是一个稍有点复杂的逻辑关系表达式，但它的结果只能有两个：真或假，即 1 或 0，对应血压是否正常。两个圆括号内的表达式分别为收缩压、舒张压的正常范围，它们之间是"与"关系。

（4）第 5 行，(sbp 在正常范围内) && (dbp 在正常范围内)，&&两端的表达式从左到右依次执行（参照表 2-4 的结合性），获得结果即停止执行。也就是说，如果(sbp>90 && sbp<140)的测试结果为 0，则整个表达式结果为 0，右边的表达式(dbp>60 && dbp<90)不会被测试。

（5）我们先看左边的表达式(sbp>90 && sbp<140)，它也是一个逻辑关系表达式，由于&&的优先级低于>和<，因此表达式等价于(sbp>90) && (sbp<140)。执行时从左到右依次测试 sbp>90 和 sbp<140 的结果；sbp>90 关系成立，结果为真，再测试 sbp<140，其结果也为真，于是我们获得了(真&&真)，结果为真。类似的，我们可以获得(dbp>60 && dbp<90)的结果也为真。

（6）最后，整个逻辑、关系表达式(sbp>90 && sbp<140) && (dbp>60 && dbp<90)为真，结果为 1，输出 flag= 1。

（7）另外，关系运算符中除了大于（>）、小于（<）外，还有大于等于（>=）、小于等于（<=）、相等（==）和不相等（!=）关系运算符。

（8）逻辑运算符除了与（&&）外还有或（||）、非（!）。非真即假，我们知道数值 1 在逻辑上对应真，那么表达式!1 的结果就是假，即 0。

（9）关系表达式、逻辑表达式的结果只有两种：真和假。很多时候 1 对应真，0 对应假，但也有些情况（如循环、分支的条件表达式等）用非 0 对应真，0 对应假，这点细节请大家在后面的学习中留意。

【例 2-5】位运算符。将 n 中 6 个低二进制位均置为 0。位运算符只能作用于整型操作数。

```
01  #include <stdio.h>
02  main()
03  {
04      int n=127;
05      printf("%d\n",n);
06      n=n&~077;
07      printf("%d\n",n);
08      n>>=2;
09      printf("%d\n",n);
10  }
```

运行结果如图 2-6 所示：

图 2-6

例程解释：

（1）第 4 行，n 的十进制值为 127，对应二进制 01111111。

（2）第 5 行，按十进制整数格式输出为 127。

（3）第 6 行，表达式 n=n&~077 中一共有 3 个运算符=、&和~，赋值符号=的优先级最低，然后是按位求与运算符&，按位求反运算符~的优先级最高。整个表达式是将 n&~077 的结果赋值给 n。

（4）表达式 n&~077 中，~为一元运算符，操作数 077 为八进制数。先计算~077 的值，对 077（二进制 00111111）按位求反，得 11000000；接下来再和 n 按位求与

01111111

11000000

得 01000000。于是第 7 行输出 64。

（5）第 8 行，n>>=2;等价于 n=n>>2;，将 n 右移两位的结果（00010000）赋值给 n，于是输出 16。

2.3 实验内容

2.3.1 基本实验

【内容 1】

（1）运行【例 2-1】至【例 2-5】，观察并分析结果。

（2）请找到 ASCII 表中英文大小写字母在整数值上的对应关系，例如，'A'和'a'，'B' 和'b'等。

（3）以整数格式输出表达式 2*'3'和 2*3 的值。

（4）对【例 2-2】的第 10 行 scanf("%f%f",&base_side,&height)；，

① 执行时用换行符间隔输入的两数值。

② 将"%f%f"的两个%f 中间加一个空格，对输入有什么影响？执行时可以用换行符间隔输入的两数值吗？

③ 删去符号&，看看有什么运行结果。

（5）将【例 2-3】的自增号换成自减号，观察并分析结果。

（6）修改【例 2-4】调用函数 scanf，键盘读入 sbp 和 dbp 的值。

（7）对【例 2-5】将 n 值初始化为 35，观察并分析结果。

【内容 2】

正弦函数可以展开成级数 $sin(x)=x-x^3/3!+x^5/5!-x^7/7!+\cdots$，用前三项来近似，求 $sin=(\pi/6)$。标准 C 提供库函数 pow(x,y)用于求x^y，main 函数中可以使用 pow(x,3)这样的表达式来求变量 x 的 3 次幂。该函数定义在 math.h 中，在程序开头使用文件包含

#include <math.h>

使得库函数 pow(x,y)可用。

注意：将变量定义为浮点类型。

【内容 3】阅读以下程序，分析运行结果是什么？

```
#include <stdio.h>
main()
{
    char a='a',b;
    printf("%c,",++a);
    printf("%c\n",b=a++);
}
```

2.3.2　问题与思考

【问题与思考 1】

以下程序的输出结果是什么？为什么？

```
#include <stdio.h>
main()
{
    double d=3.2;int x,y;
    x=1.2;
    y=(x+3.8)/5.0;
    printf("%d\n",d*y);
}
```

解析：程序中定义了 int 类型变量 x、y，赋值及运算都不会改变变量的类型。执行 x=1.2 时，把 1.2 的整数部分赋值给 x，x 的值为 1。对于 y=(x+3.8)/5.0，我们先关注赋值符号右边的算术表达式，将 x 的值代入计算，你会获得(1+3.8)/5.0=0.96，接下来将该数的整数部分赋值给 y，即可获得答案。

【问题与思考 2】

以下程序的输出结果是什么？为什么？

```
#include <stdio.h>
main()
{
    int i=1,j=2,k=3;
    int flag;
    flag=(i++==1)&&(++j==3||k++==3);
    printf("%d %d %d\n",i,j,k);
}
```

解析：逻辑表达式(i++==1)&&(++j==3||k++==3)的基本结构为(①)&&(②||③)，由左向右依次执行，一旦获得结果便停止其余部分的执行。例如①的结果如果是逻辑 0，那么整个表达式结果为 0，不需要再计算②和③；①的结果如果是逻辑 1，再计算②，若②为逻辑 1，(②||③)即为逻辑 1，则不需要计算③。

自增符号++放在变量前面先对变量自增再使用，若放在变量后面则先使用变量再对其自增。例如 i++==1，先取 i 的值和 1 进行相等关系的比较，然后再对 i 自增 1。

最后输出的结果是 2 3 3。

【问题与思考 3】

以下程序段的输出结果是什么？

```
#include <stdio.h>
main()
{
    int a,b,d=25;
    a=d/10%9; b=a&&(-1);
```

```
        printf("a=%d,b=%d\n",a,b);
    }
```

解析：变量 a、b 的赋值语句中都出现了较为复杂的表达式。表达式 d/10%9，从左至右依次执行，d/10 的结果为 2，2%9 结果为 2，a 的值即为 2。表达式 a&&(-1)，a 和-1 都非 0，也就是说都是逻辑真，那么结果为真，b 的值为逻辑值 1。注意，逻辑结果只有两个：真和假，这里，非 0 表示真，0 表示假，在编程时我们常用 1 表示真，0 表示假。另外，求余运算符的操作数只能为整数。

2.3.3　综合与拓展

【练习 1】运行【例 2-2】时，存在两个问题，一个是，我们首先会面对空白屏幕上闪烁的光标；另一个是，获得的输出结果在形式上十分简陋，请添加输入提示语句，例如"please input the radius(press Enter key to end): "，另外按你喜欢的风格优化输出形式。对【例 2-4】也做类似处理。

【练习 2】对【例 2-4】进行修改，希望血压正常时 flag 的值为 0，使用不止一种方式进行修改。

【练习 3】写出能够判断年份 year 是闰年的逻辑关系表达式。year 是闰年的条件：年份能够被 4 整除，但不能被 100 整除；或者能被 400 整除。使用变量 leap 表示判断的结果，leap 的值为 1 对应闰年，为 0 对应非闰年。提示用户按指定格式键盘输入年份值，最后输出 leap 的结果。

【练习 4】写出数学式 $\sin^2(x)\cdot(a+b)/(a-b)$ 的 C 语言表述式。计算 $x=\pi/4$，a=2，b=1 的结果，输出结果保留两位小数，左对齐，如图 2-7 所示。标准库文件 math.h 中定义了函数 sin(x)。

图 2-7

【练习 5】求 $y=10x^2+3x-2$，x 取 3~6 之间的整数，包括 3 和 6。每行输出一次 x 和 y 的对应值，如图 2-8 所示。

图 2-8

第 3 章　选择结构

3.1　基本知识

选择结构用于处理程序的分支流程，使程序在满足不同条件时进入不同的分支。基本的选择结构包括 if 语句、if-else 语句、else-if 语句、switch 语句。

3.1.1　if 语句与 if-else 语句

一、if 语句

基本结构：

```
if(表达式)
    语句
```

执行 if 语句时，先计算表达式的值，当结果为真（非 0）时，执行语句；若结果为假（即 0），if 语句什么也不做。接下来流程执行 if 语句之后的程序部分。

二、if–else 语句

基本结构：

```
if(表达式)
    语句 1
else
    语句 2
```

当流程进行到 if-else 语句时，先计算表达式的值，若结果为真，即非 0，执行语句 1；否则，执行语句 2。之后继续 if-else 之后的程序部分。else 部分可以缺省，缺省时退化为 if 语句。

三、关于嵌套

例如：

```
if(表达式 1)
    if(表达式 2)
        语句 21
    else
        语句 22
```

这段结构在 if 分支中嵌套了一个 if-else 结构。"嵌套"在语法上可以一直进行下去。值得留心的是，每一个 else 需要与最近的前一个没有 else 配对的 if 进行匹配。也就是说，

即便代码编辑成:

```
if(表达式 1)
    if(表达式 2)
        语句 21
else
    语句 22
```

缩进格式明显示意 else 与第 1 个 if 配对，但语法规则上 else 与内层 if 匹配。如果流程需要 else 与外层 if 配对，那么，我们使用{}来强制:

```
if(表达式 1) {
    if(表达式 2)
        语句 21
 }
else
    语句 2
```

当程序流程变得复杂，比如嵌套中还包含循环时，我们更需要留意:

```
if(表达式 1)
    while(循环条件)
        if(表达式 2)
            语句 21
        else
            语句 22
```

这里的 else 与第 2 个 if 配对，是 while 循环体的一部分。

注意: 所有语句处，若为多条语句，需要使用{}括起。

3.1.2　else-if 语句

基本结构:

```
if(表达式 1)
    语句 1
else if(表达式 2)
    语句 2
else if(表达式 3)
    语句 3
else if(表达式 4)
    语句 4
...
else
    语句
```

这种结构是我们编写多路分支最常用的方式。执行时，自上而下对各表达式依次求值，一旦某个表达式结果为真，则执行其后相应的语句，并终止整个语句序列。例如，表达式 1 结果为假，表达式 2 结果为真，则执行语句 2，然后结束整个 else-if 语句。最后一个 else 用于处理上面各个表达式均为假的情况，这部分缺省时，若所有表达式结果均为假，则 else-if 语句什么也不做。

3.1.3　switch 语句

基本结构：

```
switch(表达式){
    case 常量表达式 1: 语句序列 1
    case 常量表达式 2: 语句序列 2
    ...
    default: 语句序列 n
}
```

switch 也是一种多路判定语句，它的每个分支由整数值常量表达式标记，执行时测试表达式的值是否与某个整数值常量表达式相匹配，并以此处为入口，逐一执行相应的语句序列。

各个分支的常量表达式必须各不相同。如果没有一个分支能与表达式相匹配，则执行 default 分支，这部分也可以缺省。各分支的排列次序是任意的。

例如，当表达式与常量表达式 1 的值相匹配时，程序依次执行语句序列 1、语句序列 2……语句序列 n。

switch 各分支的语句序列常与 break 语句连用，break 语句用于跳出 switch 语句：

```
switch(表达式){
    case 常量表达式 1: 语句序列 1
                      break;
    case 常量表达式 2: 语句序列 2
                      break;
    ...
    default: 语句序列 n
             break;
}
```

这时，执行完与表达式匹配的分支所对应的语句序列后，遇到 break 便会结束整个 switch 语句。

3.2　例程分析

【例 3-1】if 语句的使用。输入一组字符，统计其中英文大写字母的个数 n，和小写字母的个数 m，输出结果。

```
#include <stdio.h>
#include <stdlib.h>
main()
{
    int c;
```

```
    int n,m;
    n=m=0; /*n 统计大写字母，m 统计小写字母*/
    while((c=getchar())!=EOF)/*使用 while 循环来读入并判断字符，每次一个字符*/
    {
        if(c>='A'&&c<='Z')/*如果读入了大写字母，n 自增 1*/
            ++n;
        if(c>='a'&&c<='z') /*如果读入了小写字母，m 自增 1*/
            ++m;
    }
    printf("大写字母数目 n=%d\n 小写字母数目 m=%d\n\n",n,m);
    system("pause");
}
```

运行结果如图 3-1 所示：

图 3-1

例程解释：

（1）运行程序，键盘输入字符串"A Little Bird"以换行符结束，在新的一行输入 ctrl+z，获得大小写字母的统计结果。

（2）对于一组字符的读入，我们使用了 while 循环，其基本结构如下：

while(循环条件表达式)

{　语句　}

首先测试循环条件表达式的值，若为真（非 0），执行语句；接下来再次测试循环条件表达式，若为真，再次执行语句，……直到循环条件测试结果为假（0），则结束 while 语句。关于循环，我们在第 4 章中会进行专门的讨论。

（3）程序中 while 的循环条件(c=getchar())!=EOF，其基本形式为(表达式)!=EOF。在计算表达式 c=getchar()时调用库函数 getchar()，返回输入流中读取的一个字符，并赋值给变量 c，然后判断该字符与 EOF（文件结束符 ctrl+z）是否相等，若不相等，则执行{}内的循环体语句；之后再次测试表达式 (c=getchar())!=EOF ，……直到循环条件测试结果为假，结束循环。赋值表达式 c=getchar()的值是赋值完成后 c 的值。EOF 是标准库中定义的符号常量，对应的整数值为-1。

（4）在 while 循环体内判断和统计当前读入的字符。有两个 if 语句，分别用于统计大写、小写字母。

（5）首先测试第 1 个 if 的表达式 c>='A'&&c<='Z'，按运算符的优先级，等价于

(c>='A')&&(c<='Z')。也就是说，如果读入的字符刚好是大写字母'A'到'Z'之间的字符，我们令计数器 n 自增。参照 ASCII 字符集，大写字母'A'到'Z'对应从 65 到 90 的 26 个整数。c>='A'，比较的是字符变量 c 和字符常量'A'在 ASCII 字符集中对应的整数值。

（6）无论第 1 个 if 表达式结果是真是假，之后都会判断第 2 个 if 语句。两个 if 语句是独立顺次进行的。而且，在这个过程中 c 的值没有改变。直到再次进入循环条件判断，从输入流中读取新的字符，更新变量 c 的值。

【例 3-2】else-if 语句的使用。键盘读入若干字符，统计数字字符、空白字符和其他字符的个数，输入遇文件结束符 EOF 终止。

```
#include <stdio.h>
main()
{    /*c 用来存放读入的字符*/
     /*ndigit、nwhite、nother 分别统计数字字符、空白字符、其他字符*/
     int c,ndigit,nwhite,nother;
     ndigit=nwhite=nother=0;
     while((c=getchar())!=EOF)
         if (c>='0' && c<='9')
             ++ndigit;
         else if (c==' '||c=='\n'||c=='\t')
             ++nwhite;
         else    ++nother;
     printf("digit=%d, white space=%d, other= %d\n",ndigit,nwhite,nother);
}
```

运行结果如图 3-2 所示：

```
Happy new year!
1122335
^Z
digit=7, white space=4, other= 13
```

图 3-2

例程解释：

（1）ndigit、nwhite、nother 的初值被赋为 0。

（2）通过 while 循环进行字符读入并统计，循环体内只有一个语句——else-if 语句：

```
while((c=getchar())!=EOF)
    if (c>='0' && c<='9')
        ++ndigit;
    else if (c==' '||c=='\n'||c=='\t')
        ++nwhite;
    else    ++nother;
```

循环条件用于从输入流中读取一个字符赋值给变量 c，并测试是否为文件结束符 EOF，

如果不是（即循环条件为真），进入循环体。else-if 语句中，表达式 1：c>='0' && c<='9'，用于判断 c 是否为数字字符，如果是，ndigit 自增 1，流程转入循环条件，再次读入新字符；如果表达式 1 为假，再测试表达式 2：c==' '||c=='\n'||c=='\t'，判断 c 是否为空白字符，如果是，nwhite 自增 1，流程转入循环条件，再次读入新字符；如果表达式 2 也为假，则执行 else 后面的语句，nother 自增 1，流程转入循环条件，再次读入新字符。当读入的新字符为 EOF（ctrl+z）时，结束循环。

（3）数字字符'0'到'9'在 ASCII 字符集中对应从 48 到 57 的 10 个整数。

（4）在测试空白字符时，程序设计了三种空白字符，空格、换行符和制表符。 如图 3-2 所示输入了两个空格、两个换行符，white space=4。

（5）在这个例子中 else 分支包含除数字字符和空白外的其他字符的情况。

【例 3-3】switch 语句的使用。键盘读入两个实数 fnum 和 snum，并选择 1、2 或 3 来计算两数的和、积、商，输出结果。

```c
#include <stdio.h>
main()
{
    int opselect;
    float fnum,snum;
    puts("Please enter two numbers separated by spaces:");
    scanf("%f%f",&fnum,&snum);
    printf("Enter a select code");
    printf("\n 1 for addition");
    printf("\n 2 for multiplication");
    printf("\n 3 for division:");
    scanf("%d",&opselect);
    switch(opselect)/*根据 opselect 的值来选择运算和输出的结果*/
    {
        case 1: printf("The sum of the numbers entered is %6.3f\n",fnum+snum);
                break;
        case 2: printf("The product of the numbers entered is %6.3f\n",fnum*snum);
                break;
        case 3:
                if(snum!=0.0)
                    printf("The first number divided by the second is %6.3f\n",
fnum/snum);
                else
                    printf("Division by zero is not allowed\n");
                break;/*this break is optional*/
    }
}
```

运行结果如图 3-3 所示：

```
Please type in two numbers:
1.5 3
Enter a select code
 1 for addition
 2 for multiplication
 3 for division:2
The product of the numbers entered is  4.500
```

图 3-3

例程解释:

（1） scanf("%f%f",&fnum,&snum)将键盘输入的两实数读入变量 fnum 和 snum 的地址。

（2）scanf("%d",&opselect) 将键盘输入的一个整数读入变量 opselect 的地址。

（3）switch 语句用于处理 3 种计算。若 opselect 的值为 1,执行 case 1 分支,计算两数和,break 用于结束 switch 语句;若 opselect 的值为 2,执行 case 2 分支,计算两数积,break 用于结束 switch 语句;若 opselect 的值为 3,执行 case 3 分支,计算两数商,这里使用 if-else 来保证分母不为 0。

3.3 实验内容

3.3.1 基本实验

【内容 1】

（1）运行【例 3-1】至【例 3-3】,观察并分析结果。

（2）【例 3-1】的第 2 个 if 可以如图 3-4 改成 else if 吗?可以改成 else 吗?请运行程序观察并解释结果。

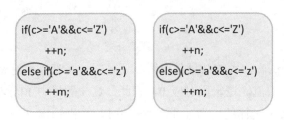

图 3-4

（3）对【例 3-2】进行修改,除统计数字字符、空白字符外还统计英文字母。

（4）对【例 3-3】进行如下操作:① 改变各分支的顺序,观察运行情况。② 删除 break 语句,观察运行情况。

【内容2】根据表3-1的函数关系，对输入的每个 x 值，计算出相应的 y 值，输出 x 和对应的 y。注意数据类型，我们可以将 x 和 y 都声明成 float 类型，在输出时对 x 保留 2 位小数，对 y 不保留小数部分。

表 3-1

x	y
x<0.0	-1
x=0.0	0
x>0.0	1

【内容3】

（1）读入若干整数，将其中最大的值输出，读入 0 时终止输入。

（2）读入若干整数，将其中最大值和最小值输出，读入 0 时终止输入。

【内容4】对【例3-2】不使用 else-if，用 switch 语句改写。

3.3.2　问题与思考

【问题与思考1】

以下的 4 个条件语句，有一个的条件设置与其他不同，是哪个？

　　A）if(a) printf("%d",x); else printf("%d",y);
　　B）if(a==0) printf("%d",y); else printf("%d",x);
　　C）if(a!=0) printf("%d",x); else printf("%d",y);
　　D）if(a==0) printf("%d",x); else printf("%d",y);

解析：对于 if-else 语句：

if(表达式)
　　语句 1
else
　　语句 2

执行时，测试表达式的结果是逻辑真还是假，是真则执行语句 1，否则执行语句 2。逻辑真对应非 0 数值，逻辑假对应 0。因此，这一题目中 if(a)含义上等价于 if(a!=0)，A)和 C)的条件设置是一样的，当 a 非 0 时输出 x，否则输出 y；B)的 if 条件表达式不一样，但 if-else 的逻辑没有变，a 为 0 输出 y，否则（a 非 0）输出 x。D)的条件设置与其他相反。

【问题与思考2】

有如下程序段，问 d 的值是多少？

int a=5,b=4,c=3,d;

d=a>b?(a>c?a:c):b;

解析：由条件运算符?：构成的条件表达式的基本结构为：

表达式 1？表达式 2：表达式 3

若表达式 1 的结果为真，整个条件表达式结果为表达式 2 的值，否则整个条件表达式结果为表达式 3 的值。

例如 d=a>c?a:c，等价于：

```
if(a>c)
    d=a;
else
    d=c;
```

题目中条件表达式 a>b?(a>c?a:c):b，是一个嵌套的条件表达式，d 的赋值语句相当于：

```
if(a>b)
{
    if(a>c)
            d=a;
    else
            d=c;
}
else
    d=b;
```

为了清晰，我们使用了一对{}，它可以被省略，这时要注意 else 与 if 的配对。d 的值是 5。如果 c 的值是 10，结果是什么？

【问题与思考 3】

有定义 a、b 为 int 类型的数据，f 为 float 类型数据，均已赋值，下列 switch 语句，合法的有哪几个？

A）switch(f)
```
{
    case 1.0:putchar('*');
    case 2.0:putchar('#');
}
```
B）switch(a)
```
{
    case 1 putchar('*');
    case 2 putchar('#');
}
```
C）switch(b)
```
{
    case 1: putchar('*');
    default:putchar('\n');
    case 1+2: putchar('#');
}
```
D）switch(a+b);

```
{
    case 1: putchar('*');
    case 2: putchar('#');
    default:putchar('\n');
}
```

解析：A)中，case 后面应为整数值常量表达式，不能使用实数。B)中，case 分支的冒号缺少了，这是不合法的。D)中，switch 后面多了分号。C)是正确的。你答对了吗？

3.3.3　综合与拓展

【练习 1】阅读如下程序段，预测 x 的输出结果。

```
int n=0,m=1,x=2;
if(!n)x-=1;
if(m)x-=2;
if(x)x++;
printf("%d",x);
```

【练习 2】对以下的程序，如果希望 n 的值为 4，x 和 y 需要满足什么条件？

```
main()
{
    int m,n,x,y;
    scanf("%d%d",&x,&y);
    m=n=1;
    if(x>0) m++;
    if(x>y) n=m+1;
    else if(x==y) n=5;
    else n=2*m;
    printf("%d",n);
}
```

【练习 3】阅读如下程序，预测输出结果。

```
#include <stdio.h>
main()
{
    int n='c';
    switch(n++)
    {
        default:printf("error");break;
        case 'a':case 'A':case 'b':case 'B':
            printf("good ");
        case 'c':case 'C':
            printf("afternoon ");
        case 'd':case 'D':
            printf("tea ");
    }
}
```

【练习 4】阅读如下程序，预测 x1 和 x2 的输出结果。

```c
#include <stdio.h>
main()
{
    int n1=1,n2=0,x1=0,x2=0;
    switch(n1)
    {
        case 1: switch(n2)
            {
                case 0: x1++;break;
                case 1: x2++;break;
            }
        case 2: x1++;x2++;break;
    }
    printf("x1=%d,x2=%d\n",x1,x2);
}
```

【练习 5】4 个人中有 1 个人做了好事，但没有人承认是自己做的，下面是他们的回答：

A：不是我。

B：是 C。

C：是 D。

D：不是我。

已知有 3 人说了真话，判断做好事的人。

我们用变量 goodman 来表示做好事的人，那么 4 人的对话可以表达为：

goodman!= 'A'

goodman=='C'

goodman=='D'

goodman!= 'D'

令 goodman 的值分别取'A'、'B'、'C'、'D'，测试上述 4 个关系表达式，看哪种情况下有 3 个为真。

第 4 章　循环结构

4.1　基本知识

作为流程控制的一种重要基本结构，循环结构大大提高了程序的效率。标准 C 语言提供了三种基本循环语句：while 语句、for 语句和 do-while 语句。

4.1.1　三种循环语句

一、while 语句

基本结构：

while(表达式)
　　语句

执行时，首先测试表达式，其值为真（非 0），则执行语句；再次测试表达式，若结果为真，再次执行语句；这一循环过程一直进行下去，直到表达式的值为假（0）为止，随后继续执行 while 语句后的程序部分。

二、for 语句

基本结构：

for(表达式 1;表达式 2;表达式 3)
　　语句

程序进入 for 语句后，先执行表达式 1，然后测试表达式 2，若结果为真（非 0），则执行语句，然后执行表达式 3；之后再次测试表达式 2，……这一循环过程一直进行下去，直到表达式 2 的值为假（0）为止，随后继续执行 for 语句后的程序部分。

表达式 1 通常为初始化部分，表达式 2 为循环条件，表达式 3 常作为循环控制变量的步长增值。

for 语句可以等价于如下 while 语句：

表达式 1;
while(表达式 2){
　　语句
　　表达式 3;}

for 语句的 3 个表达式都可以省略，但分号必须保留。如果表达式 1 和表达式 3 省略，for 语句的形式和基本 while 语句完全一样。如果省略了表达式 2（条件测试部分），则认为条件为真。

另外，语句内容也可以为空，如：

for(;;) ;

这样的 for 语句看起来有些奇怪，但它是合法的，并且它是一个"无限"循环的语句。

三、do-while 语句

基本结构：

do
        语句
while(表达式);

这一结构不同于 while 语句和 for 语句的显著特点是首先执行语句部分，然后测试表达式，其值为真（非 0），则再次执行语句，……这一循环过程一直进行下去，直到表达式的值为假（0）为止，随后继续执行 do-while 语句后的程序部分。对于 do-while 结构，程序至少会执行一次语句部分。另外，请留意最末尾的分号，这是语法要求的。

对于上述的三种循环语句，表达式可以为任何表达式。当语句为多句时，用一对{}括起来。

4.1.2　循环的嵌套

循环的嵌套是指在一个循环的语句中，嵌入另一个循环语句。例如：

while(表达式 1){
        语句 1
        for(表达式 21;表达式 22;表达式 23)
                语句 2
}

while 语句的循环部分包含两个语句：一个是语句 1，另一个是嵌套其中的 for 语句，我们需要使用一对{}把它们括起来。

执行时，当表达式 1 为真时先执行语句 1，然后进入 for 语句执行表达式 21，再测试表达式 22，表达式 22 为真时执行 for 循环的语句 2，当表达式 22 为假时跳出 for 循环；接下来再次测试表达式 1，以此类推，直到表达式 1 为假，才结束整个嵌套的循环结构。

根据需要的不同，这里的 for 循环和语句 1 可以有不同的先后顺序。另外，for 循环内的语句 2 处也可以继续嵌套循环：

while(表达式 1){
        for(表达式 21;表达式 22;表达式 23){
                while 循环
                        语句 2
        }
        语句 1
}

注意：上述结构的{}是必须的！

我们也可以使用相同的循环语句进行嵌套，比如：

for(表达式 11;表达式 12;表达式 13)
　　for(表达式 21;表达式 22;表达式 23)
　　　　语句 2

这是一个 for 语句的二重循环。for 语句基本结构中的语句，现在是一个内重 for 循环了，它在语法上相当于一条语句。

在逻辑上，循环的嵌套是可以一直进行下去的。在解决高维问题时，我们通常会用到循环的嵌套。编写代码时，各个表达式和语句执行的次序是关键的问题。

4.1.3　break 语句和 continue 语句

break 语句和 continue 语句都用于跳出循环，但它们具有不同的特点。

一、break 语句

break 语句可以实现从 while、for、do-while 等循环中退出。

二、continue 语句

continue 语句可以结束当次循环的循环体，紧接着进入下一次循环的条件测试。对于 while 和 do-while 语句，执行 continue 语句后会立即进入循环的条件测试；对于 for 语句，则是进入到基本结构中表达式 3 的部分。

4.2　例程分析

【例 4-1】while 语句的使用。计算 0~100 间的偶数和。

```c
#include <stdio.h>
main()
{
    long sum,n;
    sum=n=0;
    while(n<=100)
    {
        if(n%2==0)
            sum+=n;
        n++;
    }
    printf("sum=%ld\n",sum);
    printf("n=%ld\n",n);
}
```

运行结果如图 4-1 所示：

图 4-1

例程解释：

（1）使用关键字 long 声明长整型变量，对应的输出格式为%ld。

（2）循环条件表达式 n<=100 为关系表达式，关系成立结果为 1，不成立为 0。

（3）在 if 语句的条件测试中判断 n 是否为偶数，用 n 对 2 求余数的结果与 0 进行比较来完成。表达式 n%2==0 中，求余运算符%的优先级高于相等关系运算符==，表达式等价于(n%2)==0。

（4）sum+=n，等价于 sum=sum+n。与+=类似的运算符见表 2-4。

（5）while 循环体的最后一句 n++；如果漏掉，会导致死循环。

（6）结束循环时，n 的值为 101。

（7）while 循环也可以写成

```
while(n<=100)
{
    sum+=n;
    n+=2;
}
```

结束循环时，n 的值为 102。

【例 4-2】for 语句的使用。打印 0～300°F 的华氏温度与摄氏温度对照表。

```
#include <stdio.h>
#define LOWER 0
#define UPPER 300
#define STEP 20
main()
{
    float fahr, celsius;
    for (fahr=LOWER;fahr<=UPPER;fahr+=STEP) {
        celsius=(5.0/9.0)*(fahr-32.0);
        printf("%3.0f\t%6.1f\n",fahr, celsius);
    }
}
```

运行结果如图 4-2 所示：

```
  0    -17.8
 20     -6.7
 40      4.4
 60     15.6
 80     26.7
100     37.8
120     48.9
140     60.0
160     71.1
180     82.2
200     93.3
220    104.4
240    115.6
260    126.7
280    137.8
300    148.9
```

图 4-2

例程解释：

（1）#define LOWER 0，声明符号常量 LOWER，编译时将代码中的 LOWER 替换为 0。C 语言的语法规则要求 define 每行只能声明一个符号常量。

（2）for 语句的表达式 1 常用作变量初始化，如这里的 fahr=LOWER；表达式 3 常用作循环变量增值，如 fahr+=STEP，令 fahr 自增 20。

（3）for 的循环体中包含两个语句，因此用一对{}把它们括起。

（4）celsius=(5.0/9.0)*(fahr-32.0)将赋值符号右边的算术表达式结果赋值给 celsius。注意，(5.0/9.0)若写成(5/9)，算术表达式计算的结果始终为 0。

（5）printf("%3.0f\t%6.1f\n",fahr, celsius)，输出格式%3.0f，保证输出的数据至少占 3 列，小数部分 0 列，不够 3 列左边补空格。

（6）循环部分的执行流程如图 4-3 所示。

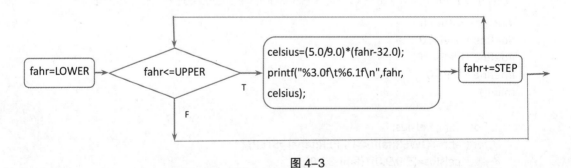

图 4-3

【例 4-3】do-while 语句及循环嵌套的使用。键盘输入 5 个-100~100 之间的整数，求其中正整数之和。

```c
#include <stdio.h>
main()
```

```
{
    int num,sum;/*num 用于存放读入的整数，sum 计算求和*/
    int n;/*统计有效输入的次数*/
    for(sum=0,n=0;n<5;++n){
    /*输入-100~100 的有效数据，若数值不在要求的范围则重新输入*/
        do{
            puts("please input an integer(-100~100):");
            scanf("%d",&num);
        }while(num<-100||num>100);
        if(num>0)/*对正整数进行累加*/
            sum+=num;
    }
    printf("sum=%d\n",sum);
}
```

运行结果如图 4-4 所示：

```
please input an integer(-100~100):
-200
please input an integer(-100~100):
-300
please input an integer(-100~100):
200
please input an integer(-100~100):
10
please input an integer(-100~100):
20
please input an integer(-100~100):
-30
please input an integer(-100~100):
-40
please input an integer(-100~100):
50
sum=80
```

图 4-4

例程解释：

（1）这是一个带有循环嵌套的小例子，程序的基本结构如下：

```
main()
{
    变量声明
    for(...){
        do-while 语句
        if 语句
    }
    输出结果
}
```

嵌套循环的流程如图 4-5 所示：

在语法上 for 语句包含两个语句：do-while 语句和 if 语句，用一对{}把它们括起来。

如果缺省了这对{}，尽管缩进的书写形式表现出将 if 语句包含在 for 循环中的意图，但实际情况不然。观察图 4-6 和图 4-7，留意到问题了吗？这是初学者比较容易出现的问题。

（2）嵌套的 do-while 语句用于保证输入的数值在正确的范围内。使用条件表达式 num<-100||num>100，只要结果为真，即输入的数值落在了要求的范围之外，do-while 循环便不断要求用户进行输入。

（3）if 条件用于对累加进行约束，保证只有输入的正整数才被累加。

（4）应注意三个细节问题：

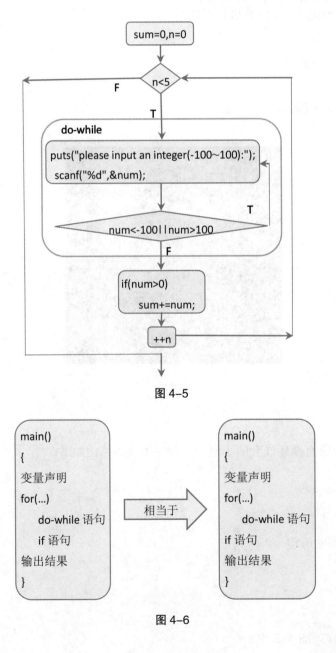

图 4-5

图 4-6

```
please input an integer(-100~100):
10
please input an integer(-100~100):
20
please input an integer(-100~100):
30
please input an integer(-100~100):
40
please input an integer(-100~100):
-50
sum=0
```

图 4-7

① for(sum=0,n=0;n<5;++n)表达式 1 中的逗号是一个运算符，它的优先级低于赋值运算符。　sum=0,n=0 是一个逗号表达式，其中的各部分从左向右依次求解，表达式最终的结果为最后一个赋值表达式的结果，这里是 0。再举个小例：

x=(i=1,j=2,k=3)

(i=1,j=2,k=3)为逗号表达式，结果为最右边一个赋值表达式的值 3，x 的值即为 3。

② 容易产生的小笔误，如缺省 for 语句{}，且增加了笔误分号的程序结构如图 4-8 所示。此时，for 语句的循环体变成了空语句，什么都不做，而 do-while 语句和 if 语句也全部都在for 循环执行完之后才执行，运行结果如图4-9所示。第一次遇到时，我们常对结果感到意外。

③ 逻辑关系表达式 num<-100||num>100 中，或运算符||的优先级低于<和>运算符，整个表达式等价于(num<-100)||(num>100)。

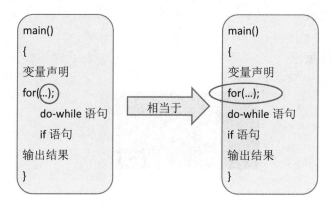

图 4-8

```
please input an integer(-100~100):
10
sum=10
```

图 4-9

【例 4-4】break 语句与 continue 语句的使用。

情况 1，使用 break 语句：

```c
#include <stdio.h>
#include <stdlib.h>
main()
{
    int i;
    for(i=1;i<10;i++){
        if(i%2==0)
                break;
        printf("i=%d\n",i);
    }
    system("pause");
}
```

运行结果如图 4-10 所示：

图 4-10

情况 2，使用 continue 语句：

```c
for(i=1;i<10;i++){
    if(i%2==0)
            continue;
    printf("i=%d\n",i);
}
```

运行结果如图 4-11 所示：

图 4-11

例程解释：

（1）对于情况 1，遇到 break 语句时，流程便从 for 循环中提前退出，使得程序只输出 i=1。

（2）对于情况 2，遇到 continue 语句时，流程不执行循环中 continue 后面的语句，提前退出当前的这次循环，接下来执行 i++，之后再进行循环条件判断，以此类推。于是程序只输出 i 为奇数的值。

4.3 实验内容

4.3.1 基本实验

【内容 1】

（1）运行【例 4-1】至【例 4-4】，观察并分析结果。

（2）对【例 4-1】：

① 将 while 语句的一对{}删去，分析结果。

② 将 while 语句的循环条件删去，观察结果。

③ 将 while 语句的循环条件部分分别替换成整数-1、0、1，观察运行结果。

④ 使用 for 语句完成。尝试将表达式 1 的部分放到 for 语句之前，注意保留 for 语句结构内的分号。

⑤ 对 for 语句进行类似②、③的实验。

（3）对【例 4-2】：

① 使用 while 语句完成。

② 改变 define 声明符号常量的替换文本值，观察输出。

③ 对 printf("%3.0f\t%6.1f\n",fahr, celsius)，声明一个符号常量来替换格式说明部分"%3.0f\t%6.1f\n"，例如 printf(FORMAT,fahr, celsius)。

（4）对【例 4-3】：

① 使用单步运行观察流程。

② 将 do-while 改写成 while，分析运行结果。

【内容 2】

编写程序，输出如图 4-12 所示的图形。

图 4-12

【内容3】

编写程序：

（1）求5!。

（2）求1!+2!+3!+…+10!。

【内容4】阅读以下程序，判断运行结果是什么？

```
#include <stdlib.h>
#include <stdio.h>
main()
{
    int i,sum;
    sum=0;
    for(i=0;i<101;++i){
        sum+=i;
        if(i>5)break;
        printf("i=%d,   sum=%d\n",i,sum);}
    system("pause");
}
```

4.3.2　问题与思考

【问题与思考1】

以下程序的输出结果是什么？为什么？

```
#include <stdio.h>
main()
{
    char c1,c2;
    for(c1='0',c2='9';c1<c2;c1++,c2--)
        printf("%c%c",c1,c2);
    printf("\n");
}
```

解析：

（1）程序中定义了char类型变量c1、c2，在for语句的表达式1中将这两个变量初始化为字符常量'0'和'9'。

（2）for语句的表达式2（循环条件）c1<c2，比较两个字符变量，进行比较的是它们在ASCII字符集中对应的整数值。第1次进入循环时，比较的是'0'和'9'对应的整数48和57。

（3）如果c1<c2结果为真（非0），则执行printf("%c%c",c1,c2);，以字符格式输出变量c1、c2。之后，执行表达式3，c1++,c2--，c1的值增加1变为49对应字符'1'、c2的值减少1变为56对应字符'8'。

（4）进行第 2 次条件测试，以此类推，直到条件不满足。程序输出的结果为：0918273645。请问跳出 for 循环时 c1、c2 的值是多少，对应的字符是什么？

【问题与思考 2】

阅读以下程序，判断程序会出现死循环吗？如果有输出，结果是什么？

```c
#include <stdio.h>
main()
{
    int x=23;
    do{printf("%d",x--);}
    while(!x);
}
```

解析：

（1）do-while 语句的特点是先执行循环体，再判断循环条件。

（2）这里，先执行循环体 printf("%d",x--);，即先输出 x 的值，然后令 x 自减。

（3）之后，判断循环条件!x，若 x 为非 0 值，!x 的值为 0；若 x 为 0，!x 为非 0。

（4）因此，程序会先输出 x 的值即 23，再令 x 自减变为 22，然后判断!x，结果为 0，跳出循环。

【问题与思考 3】

阅读以下程序，请问程序会出现死循环吗？如果不会，循环体被执行几次？输出结果是什么？

```c
#include <stdio.h>
main()
{
    int m=10,n=0;
    do{m+=1;n+=m;
        printf("m=%d n=%d\n",m,n);
        if(n>20) break;}
    while(m=10);
}
```

解析：

（1）这个程序在 do-while 循环中嵌套了 if 条件，基本结构为：

```c
do{ ...
    if(n>20) break;
    } while(m=10);
```

（2）先来看控制循环的条件。我们观察循环条件 m=10，这是一个赋值语句，执行后的结果为 10，即条件总是成立的，这会导致死循环。但是，我们还看到，当 if 条件 n>20

满足时，会执行 break 语句，从这里可以跳出循环。因此，如果 if 条件不能达到，那么该程序是死循环。

（3）接下来考虑 m、n 的值。第 1 次进入循环后，m 自增 1，n 自加 m，输出 m=11 n=11，n>20 的条件不满足，执行循环条件 m=10，对 m 进行新的赋值。第 2 次进入循环，m 自增 1，n 自加 m，输出 m=11 n=22，n>20 的条件满足了，执行 break 语句，程序在这里跳出循环。

【问题与思考 4】

以下程序的运行结果是什么？为什么？

```c
#include <stdio.h>
main()
{
    int i=0,s=0;
    do{
        if(i%2){i++;continue;}
        i++;s+=i;
        printf("i=%d s=%d\n",i,s);
        }while(i<5);
}
```

解析：

（1）与上一小题相似，该程序的基本结构为：

```c
    do{
        if(i%2){i++;continue;}
        i++;……
    } while(i<5);
```

（2）先来看控制循环的条件。i<5 时继续执行循环体，否则退出。

（3）接下来我们观察 if 条件。当 i 为奇数时 i%2 的结果为 1，if 条件满足，执行 i++，遇到 continue 后流程跳过循环体剩余部分，执行 i<5 的条件判断，准备下一次循环。i 若为偶数，{i++;continue;}跳过，执行 i++;s+=i;以及输出语句，之后再进行条件判断。注意 continue 与 break 的差别。

（4）第 1 次进入循环，i 的值为 0，0%2 得 0，if 条件不满足；i 自增 1，s 自加 i，输出 i=1 s=1。i<5 条件满足，第 2 次进入循环，i 的值为 1，1%2 得 1，i 自增 1 得 2，执行 continue，跳过循环体内剩余语句。i<5 条件满足，第 3 次进入循环，i 的值为 2，2%2 得 0，i 自增 1，s 自加 i，输出 i=3 s=4。i<5 条件满足，第 4 次进入循环，i 的值为 3，3%2 得 1，i 自增 1 得 4，执行 continue，跳过循环体内剩余语句。i<5 条件满足，第 5 次进入循环，i 的值为 4，4%2 得 0，i 自增 1，s 自加 i，输出 i=5 s=9。i<5 条件不满足，结束循环。

【问题与思考 5】

以下程序输出结果是什么？这里我们遇到 switch 语句嵌套在 for 循环中的情况。

```
#include <stdio.h>
main()
{
    int n;
    for(n=0;n<3;n++)
        switch(n)
        {
            case 0: printf("%d",n);
            case 2: printf("%d",n);
            default:printf("%d",n);
        }
}
```

解析：

（1）输出结果为 000122。

（2）这段程序的基本结构比较简单，for 循环中只有一个 switch 语句。

（3）n 初始化为 0，满足 n<3 的条件，流程第 1 次进入循环，n 的值与 case 0 相符，从这里作为执行的入口，依次完成其后的每一个输出，输出显示为 000。n 自增 1 后，满足 n<3 的条件，流程第 2 次进入循环，n 的值为 1，与 case 0 和 case 2 都不相符，执行 default 后的语句，输出显示为 0001。n 自增 1 后，满足 n<3 的条件，流程第 3 次进入循环，n 的值此时为 2，与 case 2 相符，从这里作为执行的入口，依次完成其后的每一个输出，输出显示为 000122。n 自增 1 后值为 3，不满足 n<3 的条件，跳出循环，结束程序。

4.3.3　综合与拓展

【练习 1】考察下列 4 个程序段，有哪几个是死循环？

程序段 1：

```
        for(;;);
```

程序段 2：

```
        int s=10;
        while(s);
        --s;
```

程序段 3：

```
        int i=100;
        while(10)
        {
            i=i%100+1;
            if(i>100) break;
        }
```

程序段 4：

```
int n=10;
do{++n;}
while(n>100);
```

【练习 2】已知方程 $x^3-x^2-1=0$，x 在[a,b]（a=0，b=3）区间内有一个实数根，用二分法求方程的根，求根精度为$|b-a|<\varepsilon=10^{-5}$。

二分法求解步骤：

① 计算区间[a,b]的中点，c=(a+b)/2。

② 令函数 $f(x)=x^3-x^2-1$，计算 f(a)*f(c)：

$$f(a)*f(c) \begin{cases} <0 \text{ 根在[a, c]间，设置新的区间} \\ =0 \quad c \text{ 是方程的根，转步骤④} \\ >0 \text{ 根在[c,b]间，设置新的区间} \end{cases}$$

③ 判断区间宽度是否达到预定精度：

$$|a-b|<\varepsilon \begin{cases} \text{真} \quad \text{转步骤④} \\ \text{假} \quad \text{转步骤①} \end{cases}$$

④ 输出方程近似根。

第 5 章 函 数

5.1 基本知识

在程序设计时，我们可以把较大的程序任务分解成若干小的子任务，并分别封装到各个函数中，设计得当的函数，在使用时不需要考虑函数内的具体操作细节。

函数的定义和调用是函数的两个主要问题。函数定义，是关于如何设计一个程序块，用以实现指定功能。函数调用，则主要讨论函数间的协调配合、共同完成任务。

5.1.1 函数定义

一、函数定义的基本形式

我们先来熟悉函数定义的基本形式：

返回值类型 函数名(参数声明表)
{
　　声明和语句
}

例如：

int f(int m)
{
　　声明和语句
}

这里，函数返回值类型是 int，函数名 f，函数参数声明为 int 类型的变量 m。

除函数名外，函数定义中的各构成内容都可以省略。例如：

dummy() {}

这是最简单的函数定义形式。dummy 是函数的名字，这个函数不执行任何操作，也没有返回值，它可以在程序的开发期间用以保留位置，以便日后填充代码。

我们看到，最简单的函数形式包括三部分，函数名、()、{}，这是函数的基本构成形式。另外三部分，返回值类型、参数声明表、函数体内的声明和语句，可根据实际需要按语法规则来设立。

函数的类型、名字、参数列表部分，是函数的标识部分，称为"函数头"。函数的具体操作通过{}内的语句完成，这部分可称为"函数体"：

```
函数头
{
    函数体
}
```

二、函数的参数

函数可以不带参数，这时()内是空的，但函数的语句部分依然可以完成一定的操作。函数也可以带多个不同类型的参数，例如：

```
int f(int m, int n, float x, float y)
{
    声明和语句
}
```

参数声明表必须声明每一个参数的类型、名字，各个声明间用逗号间隔。

三、函数返回值

函数的返回值即是函数值，它通过 return 语句获得，例如：

```
int f(int m)
{
    声明和语句
    return 0;
}
```

函数的返回值是整数 0。return 后面可以跟常量、变量或表达式。return m 和 return (m+1) 都是合法的，作为一个语句，其末尾需要有分号。当缺省 return 时，遇}返回调用处，此时不带返回值。

注意：return 后面的常量、变量或表达式，其数据类型必须和函数定义时的返回值类型一致，在当前的例子中，需要是 int 类型。

如果函数定义中省略了返回值类型，则默认为 int 类型。以下的函数定义是合法的：

```
f(int m)
{
    声明和语句
    return 0;
}
```

但下面的定义则会出现类型不匹配的错误：

```
f(int m)
{
    float x;
    声明和语句
    return x;
}
```

这里，函数 f 返回变量 x 的值，x 被声明为 float 类型，这与默认的返回值类型 int 不匹配。

函数也可以被定义为没有返回值，这时 return 语句什么值都不返回，返回值类型为 void，例如：

```
void f(int m)
{
    声明和语句
    return;
}
```

这时的 return 仅仅使流程控制返回函数的调用处，void 类型的函数不能够带返回值。

四、多个函数的定义

当文件中有多个函数时，函数的定义各自独立，不能嵌套，但编辑的先后顺序可以是任意的。如图 5-1 所示，在文件 file.c 中定义了 4 个函数：add、multi、subtract 分别求整数参数 x 与 y 的和、积、差，main 是主函数，返回 0 来表示正常运行。

```
int add(int x,int y) {return x+y;}
int multi(int x,int y) {return x*y;}
int subtract(int x,int y) {return x-y;}
int main()
{ 声明和语句
    return 0; }
```

图 5-1

5.1.2　函数调用

函数调用是通过给出函数的名字和参数来实现的。调用时的参数称为实际参数，定义时的参数称为形式参数。例如，我们在 main 函数中调用自定义的函数，基本形式如下：

```
返回值类型  函数名(形式参数声明 1,形式参数声明 2,...)
{
    声明和语句
}/*函数定义*/
int main(){
    …
    函数名(实际参数 1,实际参数 2,...) /*函数调用*/
    …
}
```

请注意如下五点：

（1）函数定义时，参数列表的内容为各个形式参数的声明，需要给出每个参数的类型和参数名，例如 int f(int n,int m,float x,float y){ …}。

（2）函数调用时，给出函数名和参数列表。参数列表为实际参数，例如 f(10,1,0.5,20.5)。另外，函数调用不需要写函数的类型。

（3）实际参数和形式参数遵循值传递的规则，被调用函数不能够改变实际参数的值。

（4）函数调用时，各实际参数依次将值赋值给形式参数。例如，10 赋值给 n，1 赋值给 m，0.5 赋值给 x，20.5 赋值给 y。因此，实际参数在数目、顺序、参数类型上都必须与形式参数一致，但是实际参数的变量名可以和形式参数不同。例如：

```
int f(int n,int m,float x,float y){ …}
int main()
{
    int i=10,j=1,flag;
    float a=0.5,b=20.5;
    …
    flag=f(i,j,a,b);
    …
}
```

函数调用时，实参 i 赋值给形参 n，j 赋值给 m，a 赋值给 x，b 赋值给 y。实参变量 i、j、a、b 的数据类型和顺序必须与相应的形参变量 n、m、x、y 一致。

（5）函数调用开始时，流程控制从主调函数转入被调用函数，开始逐一执行被调用函数的语句，直到遇到 return 或者执行到最后的语句，流程控制再返回主调函数的调用处继续执行。

5.1.3　作用域规则

变量名或函数名的作用域，指的是程序中可以使用这个名字的部分。

（1）对于函数的内部变量（包括函数定义的形式参数变量），其作用域是声明这个变量的函数。

（2）不同函数中声明的同名内部变量之间互不影响。

（3）定义在函数外部的变量称为外部变量，它的作用域从声明它的地方开始，到其所在文件的末尾。如图 5-2 所示，变量 eps 是外部的，不需要在函数 equation 中进行任何声明就可以使用 eps，但 main、other 函数不能够使用 eps。此外，在未经声明的情况下，main、other 函数也不能够使用函数 equation。

```
int main() {…}
float other(float z) {…}
float eps=0.005;
float equation(float x) {…}
```

图 5-2

（4）外部名可以通过声明来扩展作用域。对于外部变量，使用 extern 关键字进行声明；对于函数，则使用函数声明。如图 5-3(a)所示，eps 和 equation 的使用范围被扩展至 main 函数。

（5）函数声明，用于说明函数原型，即函数头部分。注意区分函数定义、函数声明、函数调用的不同形式。

（6）将外部名的声明放在文件的开头处，则其作用域从声明处扩展至文件尾，如图 5-3(b)所示。

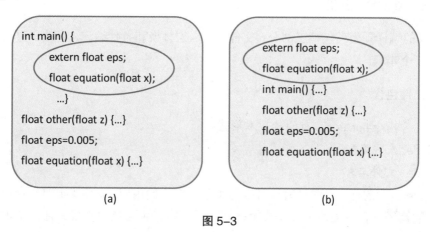

图 5-3

（7）对于外部变量，声明与定义需要被严格地区分开。变量的声明用于说明变量的属性，而变量定义除此之外还将引起存储分配。

（8）在一个源程序的所有源文件中，一个外部名只能在某个文件中定义一次，但可以通过声明扩展它的作用域，声明可以有多次。图 5-4 是一个包含 3 个源文件的源程序。在文件 file1 中定义了 main 函数，main 中声明了外部变量 eps 和函数 equation；file2 中声明了外部变量 eps 和函数 equation，定义了函数 other 和 equation；file3 中定义了外部变量 eps。

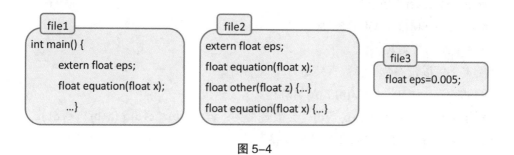

图 5-4

（9）外部变量的初始化只能出现在定义中。

（10）注意：在外部变量的作用域内，程序都可以改变它的值，这会对其他使用这个变量的部分产生影响，因此，对于外部变量的改变我们要特别留心。

5.1.4 static 声明

使用 static 声明来限定外部变量与函数时，可以将声明对象的作用域限定在当前文件的其余部分，而使其对其他文件不可用。

使用 static 限定内部变量时，该变量的存储一直保持，不随函数的被调用和退出而存在和被释放。

5.1.5 编译预处理

C 语言的编译预处理包括三部分：文件包含、宏替换和条件编译，是编译过程中单独执行的第一个步骤。

一、文件包含

文件包含指令#include，有两种基本形式：

#include "文件名"

#include <文件名>

#include 包含的行，在编译时被替换为文件名指定的内容。文件名用""引起时，在源程序所在的路径下查找文件；文件名用<>括起时，在指定目录中查找文件，例如运行环境指定的文件包含目录。

二、宏替换

1.宏定义指令#define

基本形式：

#define 名字 替换文本

宏定义之后的代码中，出现名字的地方被替换为替换文本。名字与变量名命名方式相同，替换文本可以是任意字符串。例如：

#define forever   for(;;)

#define FORMAT   "%f %f %d %d "

2.带参数的宏定义

宏定义可以带参数，参数直接进行替换，例如：

#define max(A,B)   ((A)>(B) ? (A) : (B))

程序中有语句 y=max(a+b, c+d)，会被替换为：y=((a+b)>(c+d) ? (a+b) : (c+d))。

3. #undef 指令可以取消已定义的宏名

三、条件编译

在预处理中可以使用条件语句，它为程序选择性包含不同代码提供了一种方法。基本形式：

#if 整形常量表达式

语句行

#endif

对#if 后的整形常量表达式求值，若结果非 0，则包含其后的语句行，直到遇到#endif、#elif 或#else 语句。

5.2 例程分析

【例 5-1】对于如图 5-1 所示的 file.c，我们在 main 函数中补充一些调用语句，程序功能是输出 a 与 b 的和、积、差，程序如下：

#include<stdio.h>

```
int add(int x,int y)
{return x+y;}
int multi(int x,int y)          计算和、积、差的三个函数定义
{return x*y;}
int subtract(int x,int y)
{return x-y;}
```

```
int main()
{ int a=8,b=2;
  printf("add=%d\n",add(a,b));         main 函数定义
  printf("multiply=%d\n",multi(a,b));
  printf("subtract=%d\n",subtract(a,b));
  return 0;
}
```

运行结果如图 5-5 所示：

```
add=10
multiply=16
subtract=6

Process exited after 2.282 seconds with return value 0
```

图 5-5

例程解释：

（1）整个程序包括 1 个文件包含，4 个函数定义。main 函数中出现的 add(a,b)、multi(a,b)、subtract(a,b)都是函数调用，使用的实际参数是 main 中声明的变量 a、b。

（2）程序从 main 函数开始执行，这里定义的 main 函数返回值为 int 类型，不带参数。

（3）变量 a、b 获得初值 8 和 2，调用库函数 printf("add=%d\n",add(a,b));，输出 add(a,b) 的调用结果。

（4）当执行到 add(a,b)时，如图 5-6 所示，实际参数 a、b 将其值对应地赋值给形式参数 x、y，这个过程称为参数的值传递，同时流程转入 add 函数。add 函数体只有一个语句，return x+y;，返回 x+y 的结果 10，该值随流程控制返回到 main 函数对 add 的调用处。于是在 main 函数中输出了整数值 10。

（5）接下来，程序继续执行 main 的第 2 个 printf 语句，调用 multi 函数，过程和（4）类似。这里一共有 3 个 printf 语句，于是有 3 个类似图 5-6 的调用过程。

（6）当执行到 main 函数的 return 0 时，程序向运行环境返回整数 0，我们在图 5-5 的运行结果中可以看到这个返回值。

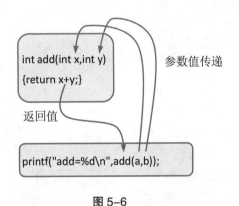

图 5-6

【例 5-2】编写函数计算整数 n 的阶乘。

```c
#include <stdio.h>
long factorial(int n);/*函数声明*/
int main()
{
    int x;
    printf("Please enter an integer:1~50:\n");
    scanf("%d",&x);
    printf("%d!=%ld",x,factorial(x));
    return 0;
}
```

```
long factorial(int n)
{
    long f=1;
    while(n){
        f*=n;
        n--;}
    return f;
}/*函数定义*/
```

运行结果如图 5-7 所示：

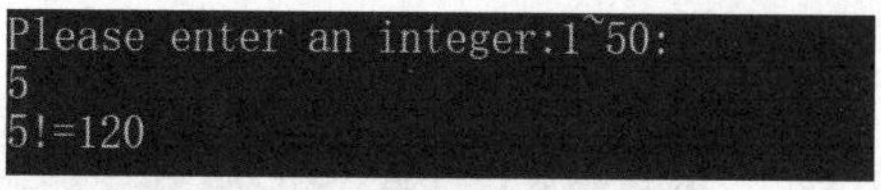

```
Please enter an integer:1~50:
5
5!=120
```

图 5-7

例程解释：

（1）程序包括 1 个文件包含，1 个 factorial 函数声明，1 个 main 函数定义，1 个 factorial 函数定义。

（2）main 函数在 printf("%d!=%ld",x,factorial(x))中调用函数 factorial。函数调用时实参是变量 x，其值由前一句的键盘输入获得。

（3）调用开始后，流程转入 factorial 函数，实参变量 x 将其值传给形参变量 n， 接下来逐一执行 factorial 的各语句。

（4）factorial 函数中的变量 f 用于保存阶乘的结果，它的数据类型需要与函数返回值类型一致。通过 while 循环实现阶乘，注意循环的次数、循环变量的控制。

（5）执行到 return f 时，返回阶乘计算结果的同时，将流程控制转回 main 函数。

（6）factorial 函数调用结束后，printf 输出函数值。留意这里使用的输出格式，x 的数据类型和函数 factorial 的返回值类型是不同的。

（7）执行到 main 函数的 return 0 时，流程返回运行环境，并返回整数 0，结束运行。这里如果没有 return 语句，遇到}也会结束运行。

【例 5-3】编写函数 circle_area 求圆面积。我们将 main 函数和 circle_area 函数分别保存在两个文件中。

```
/*file1：*/
#include <stdio.h>
float circle_area(float r);
extern float PI;
int main()
{
    float radius,area;
```

```
        printf("PI=%f\n",PI);
        printf("please enter your radius:");
        scanf("%f",&radius);
        area=circle_area(radius);
        printf("%.3f",area);
        return 0;
}
/*file2：*/
float PI=3.14159;
float circle_area(float r)
{       return PI*r*r;       }
```

运行结果如图 5-8 所示：

```
PI=3.141590
please enter your radius:2
12.566
```

图 5-8

例程解释：

（1）建立工作间，将两个文件加入工作间，编译运行。

（2）file1 中，

```
        float circle_area(float r);
        extern float PI;
```

分别是函数声明和外部变量声明。circle_area 和 PI 这两个名字的定义在 file2 中，这里的声明用于将 circle_area 和 PI 的作用域扩展至 file1。声明的形式让我们能够了解这个名字的基本情况。例如，circle_area 后面的()，说明 circle_area 是一个函数，该函数的返回值是 float 类型，函数有 1 个 float 类型的参数；此外，编译时系统会在源程序的各个文件中寻找该函数的定义。extern 用于声明外部变量 PI。

没有这两行的声明，file1 无法使用 circle_area 和 PI，会出现编译错误。

（3）若将 file2 的外部变量定义

```
        float PI;
```

改写成

```
        static float PI;
```

PI 将被限制在 file2 中，file1 无法使用它，程序会出现编译错误。

【例 5-4】static 在声明内部变量时的作用。阅读以下程序，判断输出结果。

```
#include <stdio.h>
```

```
int main()
{
    void f(void);
    int i;
    for(i=0;i<3;i++)
        {printf("\n i=%d ",i);
        f();}
    return 0;}
void f(void)
{
    auto int a=0;
    static int b=0;
    a+=1;
    b+=1;
    printf("a=%d b=%d\n",a,b);
}
```

运行结果如图 5-9 所示:

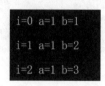

```
i=0  a=1  b=1

i=1  a=1  b=2

i=2  a=1  b=3
```

图 5-9

例程解释:

（1）函数 f 中关键字 auto 用于声明自动变量 a，auto 可以省略。流程每次进入函数 f 都会对 a 重新进行存储分配和初始化，退出 f 时释放 a 的存储。因此 3 次输出的 a 值都是 1。

（2）函数 f 中使用 static 声明静态内部变量 b。程序只在第一次进入函数 f 时对 b 进行存储分配和初始化，退出 f 时并不释放 b 的存储，直到整个程序结束。因此，第二次进入 f 时是在上一次基础上对 b 进行累加，3 次输出 b 的值就是 1、2、3 了。

【例 5-5】条件编译有三种常见的形式:

#if <常量表达式> 语句 1　#else 语句 2　#endif

#ifdef <宏名> 语句 1　#else 语句 2　#endif

#ifndef <宏名> 语句 1　#else 语句 2　#endif

意义分别为:

常量表达式非 0 时编译语句 1，否则编译语句 2。

宏名已被定义时编译语句 1，否则编译语句 2。

宏名未被定义时编译语句 1，否则编译语句 2。

有以下程序段：

```
#include <stdio.h>
#define Flag 1
void f(void)
{
    #if Flag
    printf("*****");
    #else
    printf("00000");
    #endif
}
int main()
{
    f();
    return 0;
}
```

运行结果如图 5-10 所示：

图 5-10

例程解释：

（1）#define 声明宏名 Flag，编译时将它替换为 1。

（2）在函数 f 中进行条件编译，测试 Flag 的值，通过条件编译控制打印*****或者打印 00000。

（3）函数 f 无参数、无返回值。函数定义的函数头部分为 void f(void)，因此 main 中的函数调用形式为 f()，函数名后跟一对空的圆括号。

（4）将#if Flag 替换为#ifdef Flag 会获得相同的输出。

（5）将#if Flag 替换为#ifndef Flag 输出 00000。

【例 5-6】递归调用。递归是指函数自己调用自己，它在基本语法上并没有出现新的内容。以下程序中的函数 printd 用于将整数 n 以字符的形式输出，例如，整数-256，输出为字符-256。函数调用如图 5-11 所示。

```
# include <stdio.h>
void printd (int n);
int main()
{
    printd(-256);
```

```
        return 0;
    }
    void printd (int n)
    {
        if (n<0) {
            putchar ('-');
            n=-n;
            }
        if (n/10)
            printd(n/10);
        putchar (n%10+'0');
    }
```

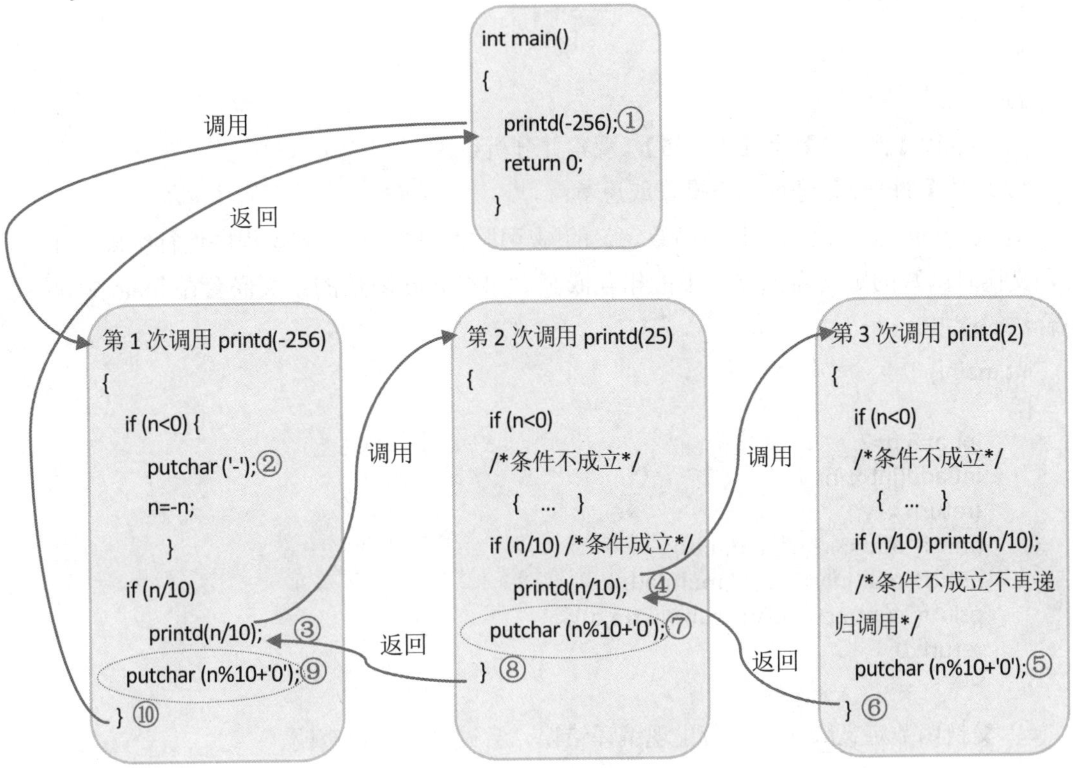

图 5-11

例程解释:

（1）程序在①处第 1 次进入 printd 的调用，参数 n 为-256。

（2）在 printd 的第 1 次调用中，条件 n<0 满足，在②处输出字符'-'。第二个 if 条件 n/10 的结果为 25，条件满足，在③处进入 printd 的第 2 次调用，参数 n 为 25。

（3）在 printd 的第 2 次调用中，第一个 if 条件不满足，第二个 if 条件 n/10 的结果为 2，条件满足，在④处进入 printd 的第 3 次调用，参数 n 为 2。

（4）在 printd 的第 3 次调用中，第一个 if 条件不满足，第二个 if 条件 n/10 的结果为 0，条件不满足。在⑤处 n%10+'0'=2%10+'0'=2+'0'='2'，输出字符'2'。执行到⑥处的}返回至第 2 次调用的④处。

（5）printd 的第 3 次调用返回到④后，继续执行⑦处的语句，n%10+'0'=25%10+'0'= 5+'0'='5'，输出字符'5'。执行到⑧处的}返回至第 1 次调用的③处。在⑨处继续执行 printd 第 1 次调用的 putchar (n%10+'0')，n%10+'0'=256%10+'0'=6+'0'='6'，输出字符'6'。执行 到⑩处的}返回 main 函数的①处。

5.3 实验内容

5.3.1 基本实验

【内容 1】

（1）运行【例 5-1】至【例 5-5】，观察并分析结果。

（2）对【例 5-1】进行如下操作或思考：

① 将 main 函数定义与其他函数定义的顺序进行一些交换，观察程序运行结果。注意，交换时函数的定义需独立，不能相互嵌套，如将 add 函数的定义嵌套在 main 中是不合法的：

```
int main()
{
    int a=8,b=2;
    int add(int x,int y)
    {return x+y;}
    printf("add=%d\n",add(a,b));
    printf("multiply=%d\n",multi(a,b));
    printf("subtract=%d\n",subtract(a,b));
    return 0;
}
```

② 交换函数定义顺序后，若出现编译错误，尝试进行函数声明。

```
int main()
{
    int add(int x,int y); /*函数声明*/
    int a=8,b=2;
    printf("add=%d\n",add(a,b));
    printf("multiply=%d\n",multi(a,b));
    printf("subtract=%d\n",subtract(a,b));
    return 0;
}
int add(int x,int y)
{return x+y;}
...
```

③ 函声明时可以省略形参变量的名字吗？例如声明 int add(int ,int);。

④ 函数声明时形参类型可以写成 float 吗？返回值类型呢？

（3）【例 5-2】factorial 函数的形参变量名 n 可以改成 x 吗？它与 main 函数中的变量 x 互相有影响吗？修改程序测试。

（4）对【例 5-3】，不使用工作间，在 file1 代码的最前方添加文件包含#include "file2.c"，观察运行结果。这时相当于将 file2.c 的内容在文件包含处展开。删除以下语句：

float circle_area(float r);

extern float PI;

运行并观察结果。

（5）对【例 5-4】，删除函数 f 中的 static 关键字，观察并分析运行结果。

【内容 2】

对第 3 章中的【例 3-3】编写函数 void add_multi_divi(float fnum,float snum)来完成。在 add_multi_divi 函数中输入 opselect，并输出计算结果。在主函数中输入两个实数，调用 add_multi_divi。

【内容 3】

编写函数 long sum(int n)，计算 0~n 之间的偶数和。编写主函数调用 sum，在主函数中输入实参 n 的值，n<500。

【内容 4】

编写函数 long f(int n)求$\sum n!$，调用【例 5-2】的函数 long factorial(int n)。

【内容 5】

编写函数 char upper(char character)，将小写字母转换为大写字母（若参数 character 为小写字母，将其转换为大写字母作为函数返回值返回）。编写 main 函数，将输入的字符输出到用户屏，其中小写字母转换为大写字母（调用 upper 函数），输入遇 EOF 结束。

【内容 6】

编写函数 int leap(int y)，判断参数 y 是否为闰年年份，是闰年返回 1，否则返回 0。闰年的条件是：年份能被 4 整除但不能被 100 整除；或者，年份能被 400 整除。编写相应主程序调用 leap，输出 1900—2000 年中的闰年年份。

【内容 7】

阅读程序，估计程序的运行结果。

```
#include <stdio.h>
#define f(x) x*x
int main()
{
    int i;
    i=f(3+3)/f(2+2);
    printf("%d\n",i);
    return 0;
}
```

【内容 8】

以下叙述哪些是正确的?

A) 预处理命令必须位于源文件的开头。

B) 在源文件的一行上可以有多条预处理命令。

C) 宏名必须使用大写字母。

D) 宏替换不占有程序运行时间。

E) 宏命令行可以被看作是一行 C 语句。

F) 用#include 包含的文件后缀不可以是 ".a"。

G) 若以下源程序中包含某个头文件,当该头文件有错时,只需对该头文件进行修改,包含该头文件的所有源程序不必重新进行编译。

5.3.2 问题与思考

【问题与思考 1】

函数 void swap(int x,int y),用于交换形参 x、y 的值,阅读以下程序,请问 main 函数中 a、b 的值交换了吗?swap 函数中 x、y 的值交换了吗?

```
#include <stdio.h>
void swap(int x,int y)
{
    int t;
    t=x;x=y;y=t;
    return;
}
int main()
{
    int a,b;
    printf("\n please enter two integers(separated by space):");
    scanf("%d%d",&a,&b);
    swap(a,b);
    printf(" a=%d b=%d\n",a,b);
    return 0;
}
```

解析：

（1）运行上述程序，输入 1 10，输出如图 5-12 所示：

```
please enter two integers(separated by space):1 10
a=1 b=10
```

图 5-12

从输出结果上我们看到，main 函数中 a、b 的值没有交换。

（2）函数调用时，实参变量 a=1，b=10，值传递后形参变量 x、y 获得相应的值，即 x=1，y=10。接下来，swap 函数交换了形参变量 x、y 的值，之后返回主函数。注意，swap 无返回值，变量交换的过程只对 x、y 进行了操作，并没有影响 a、b 的值，实参 a、b 的作用仅仅是在函数调用时，将其值赋值给形参变量，但并没有参与 swap 函数内部语句的执行。

（3）在 swap 中 x、y 交换的前、后各添加一个 x、y 的输出语句：

```
void swap(int x,int y)
{
    int t;
    printf(" x=%d y=%d\n",x,y);
    t=x;x=y;y=t;
    printf(" x=%d y=%d\n",x,y);
    return;
}
```

主函数不变，输出结果如图 5-13 所示：

```
please enter two integers(separated by space):1 10
x=1 y=10
x=10 y=1
a=1 b=10
```

图 5-13

输出中第 1、4 行发生在 main 函数中，2、3 行发生在 swap 函数中。我们看到，在 swap 函数内部，x、y 的值确实交换了，但这不会影响主调函数实参变量 a、b 的值。

（4）我们在 main 函数的 swap 调用后添加输出形参变量 x、y 的语句：

```
int main()
{
    int a,b;
    printf("\n please enter two integers(separated by space):");
    scanf("%d%d",&a,&b);
    swap(a,b);
    printf(" x=%d y=%d\n",x,y);
```

```
    printf(" a=%d b=%d\n",a,b);
    return 0;
}
```

编译时即显示错误提示（见图 5-14）：x、y 未声明、不可用。这是因为 x、y 是函数 swap 的内部函数，其作用域不能超出 swap 函数。

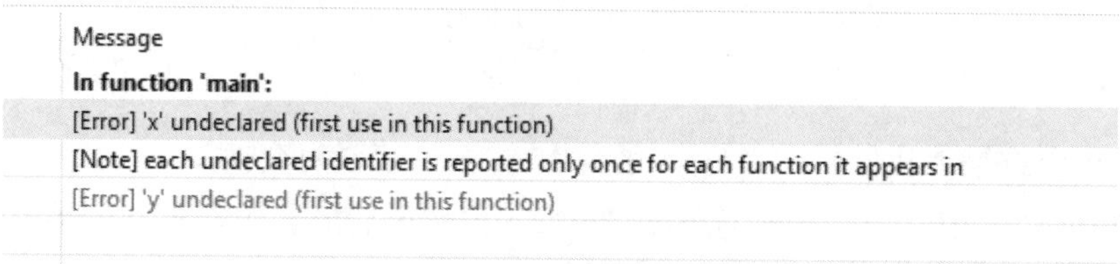

Message
In function 'main':
[Error] 'x' undeclared (first use in this function)
[Note] each undeclared identifier is reported only once for each function it appears in
[Error] 'y' undeclared (first use in this function)

图 5-14

【问题与思考 2】

阅读以下程序，判断运行结果。

```
#include <stdio.h>
long fun1(long x,long y)
{
    long z;
    z=x+y;
    return z;
}
long fun2(long x,long y)
{
    long z;
    x=x*x;
    y=y*y;
    z=fun1(x,y);
    return z;
}
int main()
{
    long a=3,b=5;
    printf("%ld",fun2(a,b));
    return 0;
}
```

解析：

（1）main 函数调用 fun2，a、b 为实参。

（2）fun2 调用 fun1，变量 x、y 相对 main 来说是形参，相对 fun1 来说是实参。

（3）函数 fun2 和 fun1 都有名为 x、y、z 的内部变量，它们同名但互不影响，各自的作用域都在本函数内部。函数 fun2 调用函数 fun1 时，fun2 的 x、y 向 fun1 的 x、y 进行值传递。

（4）fun1 执行到 return 时，将 z 的值作为函数值返回到 fun2 中的调用位置；fun2 执行到 return 时，再将函数值返回到 main 中的调用位置。参照图 5-6 标出参数值传递与函数返回值的箭头以及相应的值。

（5）main 输出 fun2 的函数返回值，34。

【问题与思考 3】

以下程序，输出结果是什么？函数 f1 和 f2 被调用了几次？

```c
#include <stdio.h>
int f1(int x,int y);
int f2(int x,int y);
int main()
{
    int a=4,b=3,c=5,d=2,r,s;
    r=f2(f1(a,b),f1(c,d));
    s=f1(f2(a,b),f2(c,d));
    printf(" r=%d,s=%d",r,s);
    return 0;
}
int f1(int x,int y){
    return x>y ? x : y;
}
int f2(int x,int y){
    return x>y ? y : x;
}
```

解析：

（1）函数 f1 和 f2 在 main 中都各自被调用了 3 次。

（2）先来看 r=f2(f1(a,b),f1(c,d))，f1(a,b)、f1(c,d)的调用结果作为函数 f2 的两个实参。同样道理，s=f1(f2(a,b),f2(c,d))，f2(a,b)、f2(c,d)的调用结果作为函数 f1 的两个实参。

（3）函数 f1 返回形参变量 x、y 中大的数，函数 f2 返回形参变量 x、y 中小的数。

（4）因此，main 函数中，f1(a,b)、f1(c,d)的调用结果是 4、5，f2(f1(a,b),f1(c,d))即为 f2(4,5)，结果为 4，r 被赋值 4。类似地，f2(a,b)、f2(c,d)的调用结果是 3、2，f1(f2(a,b),f2(c,d))即为 f1(3,2)，结果为 3，s 被赋值 3。输出结果 r=4 s=3。

5.3.3 综合与拓展

【练习1】一尺之竿，日折其半，永世而不竭？这个有趣的数学问题可以表达成：

$$\sum_{n=1}^{\infty}\left(\frac{1}{2}\right)^n = \frac{1}{2} + \left(\frac{1}{2}\right)^2 + \left(\frac{1}{2}\right)^3 + \cdots$$

编写函数，完成这一计算，double fun(int n)，检验一下随着 n 值的增大函数 fun 的结果越来越接近 1。编写主函数调用 fun，在主函数中输入 n 的值。

【练习2】编写程序，利用牛顿迭代法求方程 $3x^3+5x^2+6x-7=0$，在 1.5 附近的根。牛顿迭代法：$x_n = x_{n-1} - f(x_{n-1})/f'(x_{n-1})$，精度为 10^{-5}。

编写函数:double newton_root(double a,double b,double c,double d,double x,double eps) 求方程 $ax^3+bx^2+cx+d=0$ 在 x 处的根，eps 为精度。

【练习3】以下代码分别被保存在两个文件 file1_ad3_c5.c 和 file2_ad3_c5.c 中，阅读程序回答问题。

```
/*file1_ad3_c5.c*/
#include <stdio.h>
#include "file2_ad3_c5.c"
static int x=2;
int y;
extern void add2();
void add1();
void main()
{
    add1();add2();add1();add2();
    printf("x=%d,y=%d\n",x,y);
}
void add1()
{
    x+=2;y+=2;
    printf("in add1 x=%d   y=%d\n",x,y);
}

/*file2_ad3_c5.c*/
void add2()
{
    static int x=10;
    extern int y;
    x+=10;
    y+=2;
```

```
        printf("in add2 x=%d    y=%d\n",x,y);
    }
```

（1）请指出程序中哪些部分为函数定义，哪些部分为函数声明，并说明函数声明的用途。

（2）程序中共定义了几个变量？请指出它们各自的作用域范围。

（3）请指出程序中哪些部分为外部变量的定义，哪些部分为外部变量的声明，外部变量的定义和声明有什么区别？

（4）程序的运行结果是什么？请分析。

【练习 4】使用递归调用的方法编写函数 void printb(unsigned n)，用于打印无符号整数 n 的二进制形式。例如，n=46，函数 printb 的调用输出为 101110。

【练习 5】使用递归调用的方法编写【例 5-2】的函数 long factorial(int n)。

第6章 数　组

6.1　基本知识

数组，是一组有序数据的集合。

6.1.1　一维数组的定义和引用

一、一维数组定义的基本形式

一维数组定义的基本形式：

类型说明符　数组名 [常量表达式]

例如：

int a[10];

定义一个名为 a 的数组，它包含 10 个元素，各元素均为 int 类型，分别为 a[0]、a[1]、a[2]、…、a[9]。数组定义，实际是定义了一组具有相同数据类型的变量，用数组名加下标来表示，在存储空间中，它们顺次放置。

（1）数组名的定义规则与变量名相同。

（2）数组名后用[]，不能用()。

（3）在数组定义时，应指明数组大小。定义时，[]内的常量表达式表示数组中所包含元素的个数。常量表达式中不能包括变量，即数组的大小不依赖于程序运行过程中的变量值。

（4）标准 C 语言的数组元素下标是从[0]开始的。

二、一维数组的引用

数组元素的引用形式：

数组名 [整型表达式]

整型表达式可以是已被赋值的整型变量或整型表达式，表达式的结果不能超过数组最后一个元素下标。

（1）数组元素的使用方式和变量的使用方式相同，例如：

```
int a[10],i=5; /*定义数组 a*/
a[0]=0;a[1]=1;a[7]=7; /*引用数组元素*/
a[i]=5;
a[8]=a[1]+a[7];
```

我们对数组 a 的 3 个元素 a[0]、a[1]、a[7]单独赋值 0、1、7；由于 i=5，a[i]即是 a[5];a[1]和 a[7]可以像变量一样求和。数组的最后一个元素是 a[9]，a[10]超出了数组 a 的定义。

数组元素 a[i]可以出现在任何整型变量可以出现的地方。

（2）可以使用{}对元素赋初值，例如：

int a[10]={0,1,2,3,4,5,6,7,8,9};

各值用逗号间隔。a[0]~a[9]被初始化为 0~9 的整数。

或只对前几个元素初始化：

int a[10]={0,1,2,3,4};，对数组 a 的前 5 个元素初始化。

（3）定义时如果在[]中省略了数组大小，需要在初始化时隐含指明，例如：

char s[]={'a', 'b', 'c', 'd'};

定义字符型数组 s 包含 4 个元素，分别被初始化为'a'、'b'、'c'、'd'。

6.1.2 二维数组的定义和引用

一、二维数组定义的基本形式

二维数组定义的基本形式和规则与一维数组类似，用增加一个下标来表示维数提高，第 1 个下标为行下标，第 2 个下标为列下标：

类型说明符　数组名[常量表达式] [常量表达式]

例如：

int a[2][3]={{1,3,5},{2,4,6}};

定义了 int 类型的二维数组 a，"2 行 3 列"共 6 个元素。行、列下标都从 0 开始，6 个元素为 a[0][0]、a[0][1]、a[0][2]、a[1][0]、a[1][1]、a[1][2]，分别被初始化为 1、3、5、2、4、6。

定义时如果对所有元素初始化，行下标可以省略，列下标不能省略，例如：

int a[][3]={{1,3,5},{2,4,6}};

二、二维数组的引用

引用形式和一维数组类似，例如程序段：

```
int a[2][3]={{1,3,5},{2,4,6}},i,j;
for(i=0;i<2;i++)
    for(j=0;j<3;j++)
        printf("   %d",a[i][j]);
```

输出结果为：

1 3 5 2 4 6

变量 i 作为行下标，j 作为列下标，当 i=0、j=1 时 a[i][j]为元素 a[0][1]，值为 3。

二维数组各元素的物理存储是按顺序进行的，先依次存放行下标为 0 的各元素，然后是行下标为 1 的各元素。

将上例中内外循环交换：

```
for(j=0;j<3;j++)
    for(i=0;i<2;i++)
        printf("   %d",a[i][j]);
```

输出：1 2 3 4 5 6。输出时按 a[i][j]代表的数组元素输出。

6.1.3　字符串

（1）在标准 C 语言中用一对双引号括起来的若干字符称为字符串，例如：

"happy new year"

可以使用 printf 输出字符串：

printf("happy new year");

这里，除了可见的 14 个字符外，字符串的末尾还有一个结束符'\0'，它在 ASCII 字符集中对应的整数值为 0。每个字符串都包含结束符'\0'。

（2）字符串通常存放在字符数组中，例如：

char s[]="bird";

等价于

char s[5]={'b','i','r','d','\0'};

这里定义了一个字符数组 s，共包含 5 个字符，最后一个元素为 s[4]，存放字符串结束符'\0'。

可以使用字符串格式%s 搭配数组名来输出字符串，如：

printf("%s",s);

这时的变量列表给出字符数组名即可，输出时遇到'\0'终止。输出字符串常量时也是类似的：

printf("%s","bird");

（3）注意区分以下的情况：

char t[]={'b','i','r','d'};

字符数组 t 包含 4 个字符，它不同于字符串 s。

（4）读入字符串时：

scanf("%s",s);

变量列表中只写字符数组名，它表示数组 s 的起始地址。

6.1.4　数组与函数

一、数组元素作为函数参数

数组元素作为函数参数在使用上与普通变量做函数参数是一样的，只是形式上出现了数组元素的引用形式，例如：

```
void f(int x){   ...   }
int main()
{
    int a[10];
    ...
    f(a[5]);
    ...
}
```

函数 f 定义的形参为 int 类型，在 main 函数中调用 f，实参可以使用 int 数组 a 的元素 a[5]。对高维数组也是成立的：

```
int main()
{
    int b[10][10];
    ...
    f(b[5][5]);
    ...
}
```

需要注意的是，int a[10] 和 int b[10][10] 是对数组的定义，而 f(a[5]) 和 f(b[5][5]) 是对数组元素的引用，两种情况的数组名[下标]表达的意义不同。

二、数组名作为函数参数

当被调函数需要实参数组所有的元素时，把各个元素都作为函数参数，列表会非常长，也很不实际。我们需要另外的表达方式。

数组的每个元素都是相同的数据类型，占的存储单元数目也都是相同的，例如，char 类型数组，每个元素占 1 个存储单元，int 类型的数组，每个元素占 4 个存储单元……由于数组是从下标为 0 的元素开始按顺序存储的，那么，我们使用起始地址和下标便可以索引到任何一个元素。在标准 C 语言中，数组名表示数组的起始地址，例如如下代码：

```
int a[20],i;
for(i=0;i<20;i++) a[i]=i;
```

如图 6-1 所示的一段连续存储单元，数组 a 的每个元素都占 4 个存储单元（int 类型）。a[0] 表示数组起始的 4 个存储单元的内容，a[1] 为其后的 4 个存储单元的内容，依此类推。通过数组名和下标，可以在物理存储中获得对应的元素。

	a[0]	a[1]	a[2]	...	a[i]	...
...	0	1	2	...	i	...
	4个存	4个存	4个存	...	4个存	...
	储单元	储单元	储单元	...	储单元	

图 6-1

根据这个规则，我们只要将实参数组的起始地址，作为函数参数传给被调函数的形参数组，被调函数便可引用实参数组的所有元素了。例如程序段：

```
void f(int v[])
{
    int n;
    for(n=0;n<20;n++) printf(" %d",v[n]);
    return;    }
int main()
{
    int a[20],i;
    for(i=0;i<20;i++) a[i]=i;
    f(a);
    return 0;
}
```

main 函数中对 f 的调用 f(a)，将实参数组 a 的起始地址传给函数 f 的形参数组 v，如图 6-2 所示，即 v 和 a 都对应相同的存储单元，v[0]对应 a[0]、v[1]对应 a[1]、…、v[i]对应 a[i]。我们通过形参数组名和下标便可以获得实参数组的各个元素了。

	a[0]	a[1]	a[2]	…	a[i]	…
…	0	1	2	…	i	…
	v[0]	v[1]	v[2]	…	v[i]	…

图 6-2

数组名作为函数参数时需要注意：

（1）被调函数定义时形参数组不需指明大小，例如 void f(int v[])，形参数组的大小取决于实参数组。

（2）数组名代表数组的起始地址，即下标为 0 的元素的地址。例如数组 a，名字 a 等价于&a[0]，函数调用 f(a)等价于 f(&a[0])。

6.2　例程分析

【例 6-1】字符数组元素的赋值和输出。

```
#include <stdio.h>
int main()
{
    char c[10];
    int i;
    for(i=0;i<10;++i)
        c[i]='A'+i;
    for(i=0;i<10;++i)
        printf("    %c",c[i]);
```

```
    return 0;
}
```

运行结果如图 6-3 所示：

```
 A B C D E F G H I J
--------------------------------
Process exited after 0.3018 seconds with return value 0
请按任意键继续. . .
```

图 6–3

例程解释：

（1）程序功能为：定义字符类型的数组 c。对各个元素赋值，再输出各元素。

（2）定义时[]内指明数组包含 10 个 char 类型元素。

（3）数组元素的下标从 0 开始，数组 c 的最后一个元素为 c[9]。

（4）引用数组元素时[]内可以出现变量，比如这里的 c[i]。随着 i 值的不同，引用不同的数组元素。

【例 6–2】统计输入的字符中各个数字字符的个数。

```
#include <stdio.h>
int main()
{
    int i, c;
    int ndigit[10];
    for (i=0; i<10; ++i) /*对数组 ndigit 的各个元素初始化*/
        ndigit[i]=0;
    while((c=getchar())!=EOF) /*读入字符并统计*/
        if (c>='0' && c<='9')
            ++ndigit[c-'0'];
    printf(" digit=");
    for(i=0; i<10; ++i) /*输出统计结果*/
        printf("    %d", ndigit[i]);
    return 0;
}
```

运行结果如图 6-4 所示：

```
1129877566
347699
^Z
 digit=  0  2  1  1  1  1  3  3  1  3
```

图 6–4

例程解释：

（1）程序功能为：统计输入字符中各个数字字符的数目。

（2）int ndigit[10];，定义数组 ndigit 包含 10 个元素，均为 int 类型。这 10 个 int 变量用于统计各个数字字符出现的数目。

（3）通过一个 for 循环对数组 ndigit 初始化。

（4）在 while 循环的条件表达式中进行字符读入，表达式(c=getchar())的结果为 getchar()读入的字符。if (c>='0' && c<='9')，如果 c 为数字字符中的某一个，则执行 ++ndigit[c-'0']，也就是对数组 ndigit 中下标为 c-'0'的元素自增 1。例如，读入的是数字字符'6'，则 c-'0'='6'-'0'=54-48=6，元素 ndigit[6]自增，实现对字符'6'的统计。

（5）(c=getchar())外面的圆括号如果缺失，输出结果如图 6-5 所示：

图 6-5

此时的表达式 c=getchar()!=EOF，等价于 c=(getchar()!=EOF)，即将不相等关系测试 getchar()!=EOF 的结果赋值给 c，那么 c 的值只能为 0 或 1。当读入的字符不是 EOF 时，c 的值为 1，而数字字符'0'到'9'对应的整数值为 48 到 57，整数 1 不在这个范围内，if 条件始终不满足，因此统计结果全部为 0。

【例 6-3】数组元素作为函数参数。

```c
#include <stdio.h>
int main()
{
    int f(int n);
    int a[5]={1,9,3,8,5},i;
    for(i=0;f(a[i]);i++);
    printf("\n a[i]=%d i=%d",a[i],i);
    return 0;
}
int f(int n)
{
    return n%2;
}
```

运行结果如图 6-6 所示：

a[i]=8 i=3

图 6-6

例程解释：

（1）函数 f，参数为 int 类型的数据，返回值也为 int 数据，函数返回参数 n 对 2 求余数的结果。

（2）在 main 函数中，函数调用 f(a[i])作为 for 循环的条件表达式，函数值为非 0 时继续循环；f 的返回值为 0 时跳出循环。

（3）调用 f 时，实参变量 a[i]，将值传给形参变量 n，f 返回其对 2 求余的结果。a[i] 为奇数时 f(a[i])返回 1，为偶数时，返回 0。因此，当遇到数组元素 8 时，for 循环结束，此时 i 的值为 3。

【例 6-4】输出数组中最大的值，使用数组名作为函数参数。

```c
#include <stdio.h>
#define N 6
int max(int v[],int n);
int main()
{
    /*定义数组 a，使用符号常量 N 指明数组的大小，并对数组元素初始化*/
    int a[N]={6,3,8,22,9,4};
    printf(" max=%d\n",max(a,N));
    return 0;
}
int max(int v[],int n)
{
    int m=v[0];
    while(--n)
        { if(m<v[n])m=v[n]; }
    return m;
}
```

运行结果如图 6-7 所示：

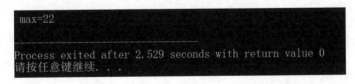

图 6-7

例程解释：

（1）在 main 函数中声明 int 类型的数组 a，使用符号常量 N 指明数组大小，声明时对各元素初始化。

（2）main 函数中调用 max 函数，输出数组 a 的最大元素值。调用形式 max(a,N)，第一个实参使用数组名 a，表示数组起始地址，它等价于&a[0]，函数调用也可写为 max(&a[0],N)；第二个实参为符号常量 N，数组元素的数目。

（3）函数 max，它的功能为返回数组 v 中最大元素的值。参数 int v[]表示 int 类型数组 v 的起始地址，参数 n 为数组元素的数目。由于形参数组 v 在函数调用时会与实参数组使用相同的存储空间，如图 6-8 所示，这段存储空间在主调函数中通过对实参数组 a 的定义来获得，因此形参数组 v 的大小不必指明。

（4）max 中的 v[n]与 main 中的 a[n]对应相同的存储，在 max 中引用 v[n]即是"引用"a[n]，例如 n=2 时，对应元素值 8，如图 6-8 所示。名字 a[n]在 max 中是不被识别的，数组 a 的作用域只在 main 中，同样道理，名字 v[n]的作用域只在 max 中。这一点我们需要非常注意。

（5）函数 max 的内部变量 m 与数组 v 的各个元素依次比较大小，每次比较后较大的数值被保存在 m 中，所有比较结束后，m 中便存放了"最大值"。

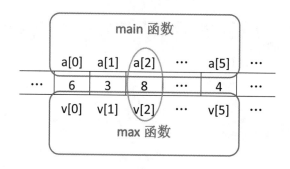

图 6-8

【例 6-5】键盘读入字符串，计算字符串长度（有效字符的数目）。

```c
#include <stdio.h>
int s_lenth(char s[]);
int main()
{
    char str[50];
    printf("\n please input your string:");
    scanf("%s",str);
    printf(" lenth=%d",s_lenth(str));
    return 0;
}
int s_lenth(char s[])
{
    int i=0;
    while(s[i]!= '\0') i++;
    return i;
}
```

运行结果如图 6-9 所示:

```
please input your string:flowers
lenth=7
```

图 6-9

例程解释:

（1）我们先来看函数 main。声明包含 50 个元素的字符数组 str。

（2）调用库函数 scanf("%s",str)，使用字符串格式%s，变量地址列表处使用数组名 str（数组起始地址）。键盘输入时，将第一个空白字符以前的字符依次赋值给数组元素，输入流以换行符作为结束。这里，我们将 flowers 的各字母赋值给 str[0]~str[6]，而 str[7] 被自动赋值为字符串结束符'\0'，如图 6-10 所示。

	str[0]	str[1]	str[2]	str[3]	str[4]	str[5]	str[6]	str[7]	
···	f	l	o	w	e	r	s	\0	···

图 6-10

（3）再来看函数 s_lenth，函数调用时，形参数组 s 与实参数组 str 占相同存储空间，如图 6-11 所示。使用 while 循环统计有效字符数，当 s[i]为'\0'时对应整数值为 0，结束循环。

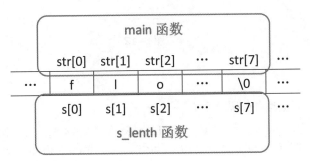

图 6-11

（4）对比函数原型 int s_lenth(char s[])与函数调用 s_lenth(str)，原型要求参数为 char 类型数组的起始地址，实参使用 str，返回值为 int 类型，函数调用与函数原型在各部分上类型一致。

6.3 实验内容

6.3.1 基本实验

【内容1】

（1）运行【例6-1】至【例6-5】，观察并分析结果。

（2）对【例6-1】进行适当修改，输出0~9的数字字符。

（3）将【例6-4】中的语句printf(" max=%d\n",max(a,N))分别改为：
printf(" max=%d\n",max(&a[0],3))和printf(" max=%d\n",max(&a[1],3))，运行程序，并尝试解释结果。

（4）对【例6-5】，将main函数中printf(" lenth=%d",s_lenth(str))改为printf(" lenth=%d",s_lenth(&str[2]))，观察运行结果。str表示数组第1个元素的地址，即&str[0]，&str[2]为第3个元素的地址，因此字符串统计也是从第3个元素开始的，如图6-12所示。

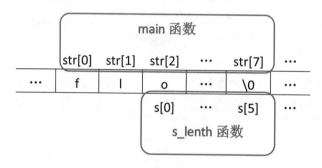

图6-12

【内容2】

以下能定义一维数组的有哪几个？

A）int num[]; B）int num[0..100]; C）int a[5]={0,1,2,3,4,5}; D）char a[]={0,1,2,3,4,5};
E）char a={'A', 'B', 'C'}; F）char s[10]= "bird"; G）int a[]={0,1}; H）int n=5,a[n];
I）#define N 10
    int a[N];
J）int N=10; int a[N];

【内容3】

以下对二维数组定义和初始化正确的有哪几个？

A）int N=5,b[N][N]; B）int b[1][2]={{1},{3}}; C）int b[2][]= {{1,2},{3,4}};
D）int d[3][2]= {{1,2},{3,4}}; E）int d[2][2]= {{1},{3}}; F）int b[][2]= {1,2,3,4};
G）int a[2][2]= {{1},2,3};

【内容 4】

编写程序，定义一个大小为 10 的一维整型数组，数组元素可以键盘输入或在定义时初始化；使用循环语句和判断语句找出数组中最大值、最小值及相应元素的下标，并打印它们，不考虑数组中有相同数值的情况。

【内容 5】

编写程序将 2 行 3 列的矩阵转置为 3 行 2 列，两个矩阵分别存放在二维数组 a[2][3] 和 b[3][2]中，打印两个方阵。数组元素可以键盘输入或定义时初始化。

【内容 6】

（1）编写程序将输入的字符串翻转，字符串保存在字符数组中。例如键盘输入字符串"water"翻转为"retaw"。

（2）编写函数 void reverse(char s[])完成（1）。字符串的输入和输出在主函数中完成。

【内容 7】

编写函数实现字符串按字典顺序比较，int s_comp(char s[],char t[])，若字符串 s 的字典顺序在 t 之前，认为 s 比 t 小，函数返回负整数；若 s 的字典顺序在 t 之后，认为 s 比 t 大，函数返回正整数；两个字符串相等时返回 0。

算法提示：对两个字符数组，从第 1 对元素开始，两两比较，当遇到不相等的一对元素时返回两者的差值，如图 6-13 所示，s[2]与 t[2]是第 1 对不相等的元素，两者的差为 'o'-'e'= 111-101=10；若比较过程中直到遇到字符串结束符依然两两相等，则函数返回 0。

	s[0]	s[1]	s[2]	…	s[7]	…
…	f	l	o	…	\0	…
…	f	l	e	…	…	\0
	t[0]	t[1]	t[2]	…		t[8]

图 6-13

6.3.2　问题与思考

【问题与思考 1】

我们在第 5 章的【问题与思考 1】中讨论过函数 void swap(int x,int y)，用于交换 x、y 的值，它不能够完成任务。

第 5 章给出的 swap：

```
void swap(int x,int y)
{
    int t;
    t=x;x=y;y=t;
    return;
}
```

在这里，我们对这个问题进行进一步讨论。给出一个和数组有关的 swap 函数：

```c
#include <stdio.h>
#define N 10
void swap(int v[],int i,int j)
{
    int t;
    t=v[i];v[i]=v[j];v[j]=t;
    return;
}
int main()
{
    int a[N]={0,1,2,3,4,5,6,7,8,9},i;
    int m,n;
    printf("\n Please input the subscript of elements that need to be exchanged: ");
    scanf("%d%d",&m,&n);
    swap(a,m,n);
    printf(" After swap:");
    for(i=0;i<N;++i) /*输出数组各元素*/
        printf(" %d",a[i]);
    return 0;
}
```

运行结果如图 6-14 所示：

```
Please input the subscript of elements that need to be exchanged: 4 7
After swap: 0 1 2 3 7 5 6 4 8 9
--------------------------------
Process exited after 6.513 seconds with return value 0
```

图 6-14

解析：

（1）运行上述程序，输入 4　7，如图 6-14 所示，输出结果中数组元素 a[4]和 a[7]的值交换了。

（2）函数调用时 swap(a,m,n)将实参 a、m、n 的值传给形参变量，形参数组 v 与实参数组 a 占同一段存储，i、j 获得 m、n 的值 4 和 7。在 swap 函数中交换了 v[i]和 v[j]的值，即实参数组 a 的元素 a[4]和 a[7]的值，如图 6-14、图 6-15 所示。

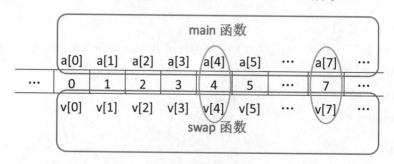

图 6-15

【问题与思考 2】

运行以下程序，结果是什么？

```
#include <stdio.h>
int s_lenth(char s[])
{
    int n=0;
    while(s[n]) n++;
    return n;
}
int main()
{
    char c[]="summer flowers";
    printf("\n %s\n",c);
    printf(" lenth=%d\n",s_lenth(c));
    printf(" %s\n",&c[3]);
    printf(" lenth=%d\n",s_lenth(&c[3]));
    return 0;
}
```

运行结果如图 6-16 所示：

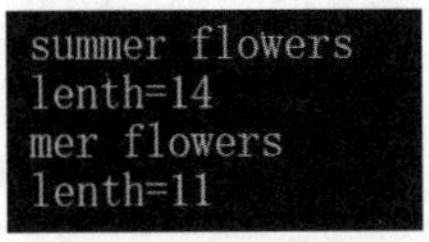

```
summer flowers
lenth=14
mer flowers
lenth=11
```

图 6-16

解析：

（1）将字符数组初始化为字符串，可以使用这样的形式 char c[]="summer flowers"。这时，数组 c 默认包含 15 个元素，除双引号内的 14 个字符外，末尾处还有一个字符串结束符。

（2）printf("\n %s\n",c)，从字符数组的起始地址，即&c[0]，开始输出字符串，结果输出 summer flowers；如果从&c[3]开始输出字符串，便会输出 mer flowers。

【问题与思考 3】

以下程序，输出结果是什么？

```
#include <stdio.h>
int main()
{
    char s[]="hello,world!";
    s[4]=0;
    printf("\n %s",s);
    return 0;
}
```

运行输出：hell

解析：

（1）在 ASCII 字符集中，整数 0 对应字符串结束符。s[4]=0 相当于 s[4]='\0'。

（2）printf("\n %s",s)，使用字符串格式%s 输出字符数组 s 中的各个元素，遇到字符串结束符终止。

（3）数组 s 中各元素如图 6-17 所示：

s[0]	s[1]	s[2]	s[3]	s[4]	s[5]	s[6]	s[7]	s[8]	s[9]	s[10]	s[11]	s[12]
h	e	l	l	\0	,	w	o	r	l	d	!	\0

图 6-17

【问题与思考 4】

以下程序，输出结果是什么？

```c
#include <stdio.h>
int main()
{
    char s[2][10]={"China","Beijing"};
    printf("\n %s",&s[0][0]);
    printf("\n %s",&s[1][0]);
    return 0;
}
```

运行输出：

China

Beijing

解析：

（1）二维数组 s 在定义时初始化，元素 s[0][0]~s[0][5]被初始化为{'C','h','i','n','a','\0'}，元素 s[1][0]~s[1][7] 被初始化为{ 'B','e','i','j','i','n','g','\0' }。

（2）printf("\n %s",&s[0][0])输出 s[0][0]开始的字符串，字符串结束符为输出的结束标志。

（3）printf("\n %s",&s[1][0])输出 s[1][0]开始的字符串，字符串结束符为输出的结束标志。

（4）输出语句改为 printf("\n %s",s[0])和 printf("\n %s",s[1])，观察运行结果。对于二维数组，每一行都是一个一维数组，s[0]表示第一行的起始地址，等价于&s[0][0]。

6.3.3 综合与拓展

【练习 1】

（1）编写程序完成类似 scanf 格式输入字符串的功能，要求读入字符串时以换行符作为输入终止，并且字符串中包含换行符。请在方框中填入合适的语句。

```
#include <stdio.h>
#define MAXLEN 100
int main()
{
        char s[MAXLEN]; /*读入的字符串将存放在 s 中*/
        int len; /*字符串的长度*/
        int c,i;




        if(len>0)
            printf("%s\n%d", s,len);
        return 0;
}
```

（2）函数 int getline(char s[], int lim)用于完成（1）的功能，函数返回字符串的有效字符数（包含末尾的换行符），lim 是字符串长度的上限。在方框中填入合适的语句。

```
#include <stdio.h>
#define MAXLEN 100
int getline(char s[], int lim)
{



}
int main()
{
        int len;
        char line[MAXLEN];
        len=getline(line, MAXLEN);
        printf("\n len=%d",len);
        return 0;
}
```

【练习 2】编写程序将字符串 s 中的数字字符放入 t 数组中，再输出 t 字符串，例如，s[]="aabb359stm210"，处理完成后 t 数组中为"359210"。

【练习 3】编写函数 int a2i(char s[])，将数字字符串转换为整数，例如，字符串"256"转换为整数 256，仅考虑不带符号的整数。

【练习 4】编写函数 void squeeze(char s[], char c)，删除字符串 s 中的指定字符 c。

【练习 5】N 个学生的名字被存放在二维数组 name 中，键盘输入一个名字，查找该名字是否在 name 中。函数 search 用于完成查找工作，并输出查找的信息，请在方框中填入合适的语句。

```c
#include <stdio.h>
#define N 10
void search(char table[][20],int n,char s[]);
int main()
{
    char name[N][20]={"Wangfang","Lilan","Zhouhan","Yaoming","Lihongzhi",
                        "Guanmang","Gudongzhao","Fanzhibin","Fanglin","Zhonglele"};
    char stu[20];
    puts("please input student name:");
    gets(stu);
    search(name,N,stu);
    return 0;
}
void search(char table[][20],int n,char s[])
{
    int i,j;



    printf("there is no one by that name here\n");
    return;
}
```

第7章 指 针

7.1 基本知识

计算机的存储器一般由地址连续编号的存储单元序列组成，一个存储单元为一个字节。指针变量是专门用来存放地址的变量，它存放在一组能存放地址的单元中，一般需要 2~4 个存储单元。

例如，变量 c 的类型是 char，值为'A'，指针变量 p 存放 c 的地址，那么我们可以形象地称 p 是指向 c 的指针，如图 7−1 所示：

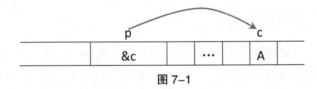

图 7−1

7.1.1 变量的地址与指针变量

两个重要的运算符：

（1）* 运算符：作用于指针时，将访问指针指向的对象；

（2）& 运算符：用于取一个对象的地址。

例如：

int x,y;

int *ip; /* 定义指针变量 ip，ip 指向的对象为 int 类型 */

char c,*cp; /* 定义指针变量 cp，cp 指向的对象为 char 类型 */

ip=&x; /* 将变量 x 的地址赋值给指针变量 ip，即 ip 指向 x */

ip=10; / 将 10 赋值给 ip 指向的对象，等价于 x=10 */

y=*ip; /* 将 ip 指向的对象赋值给 y，等价于 y=x */

注意：

（1）指针变量只能指向特定类型的变量，这里的 ip 只能指向 int 类型的对象，cp 只能指向 char 类型的对象，ip=&c 和 cp=&x 都是不合法的。

（2）ip 指向 x 后，*ip 可以出现在任何 x 可以出现的地方。

（3）指针变量也可以被重新赋值，ip=&y，则 ip 指向 y。

7.1.2　指针与函数

一、指针作为函数参数

指针可以用作函数的参数，指针做函数参数可以间接改变主调函数中变量的值，例如：

```c
void f(int *ip)
{
    *ip*=100; return;
}
int main()
{
    int x=10,*p;
    p=&x;
    f(p);
    printf("x=%d",x);
    return 0;
}
```

运行结果为 x=1000。

函数 f 的功能是对形参 ip 指向的对象自乘 100，表达式*ip*=100 等价于*ip=(*ip)*100。在 main 中指针 p 指向 x，调用函数 f 时实参使用指针变量 p，这里的 f(p)等价于 f(&x)；函数 f 的形参指针 ip 获得实参指针 p 的值，ip 也指向 x，如图 7-2 所示，函数 f 中*ip 引用的是 main 中的 x。

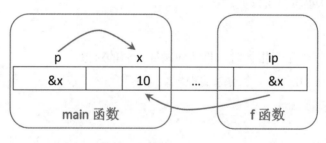

图 7-2

二、指针作为函数返回值

指针变量也可以作为函数的返回值，或者说，函数可以返回一个"地址"。例如下面这个 f 函数的定义：

```c
int *f(int *x,int *y)
{
    if(*x<*y) /*比较指针 x、y 指向对象的大小*/
        return x;
    else
        return y;
}
```

（1）函数头部分有 3 处使用*的声明，声明函数 f 的返回值以及两个参数 x、y 都是指向 int 类型的指针。

（2）函数体由 if-else 结构构成，返回 x、y 两指针中指向较大数的那个。

（3）表达式*x<*y，用于比较 x、y 这两个指针指向的对象的值。

（4）return x，返回的是 int 类型的指针变量 x，即一个 int 类型对象的地址。

7.1.3　指向数组元素的指针

一、指向数组元素的指针

当指针用于数组时，有些规则是非常常用且有趣的。我们知道，数组中的各个元素是顺次存放的，如果指针 p 指向数组 a 的某个元素 a[i]，那么表达式 p+1 也是一个指针，它指向元素 a[i+1]；如果定义中存在元素 a[i+j]，则 p+j 指向 a[i+j]；只要定义中存在相应的数组元素，p-1 和 p-j 也符合相应的规律，这个规则不区分数组类型。例如：

```
int main()
{
    int *p,a[50],n; /*定义 int 类型的指针变量 p、数组 a 和变量 n*/
    int i=20,j=5;
    for(n=0;n<50;n++) a[n]=n; /*对数组元素初始化*/
    p=&a[i]; /*p 指向 a[i]*/
    printf("\n *p=%d a[i]=%d *(p+1)=%d a[i+1]=%d\n",*p,a[i],*(p+1),a[i+1]);
    printf(" *(p+j)=%d a[i+j]=%d ",*(p+j),a[i+j]);
    return 0;
}
```

输出结果如图 7–3 所示：

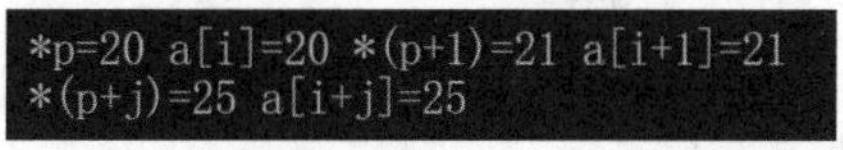

```
*p=20 a[i]=20 *(p+1)=21 a[i+1]=21
*(p+j)=25 a[i+j]=25
```

图 7–3

组数 a 的元素被初始化为 0,1,2,…,49,p 指向 a[i]。i=20 时,*p 为 p 指向的对象 a[20]=20,*(p+1)即为 a[21]=21；类似地,*(p+j)即为 a[i+j]=a[25]=25，如图 7–4 所示：

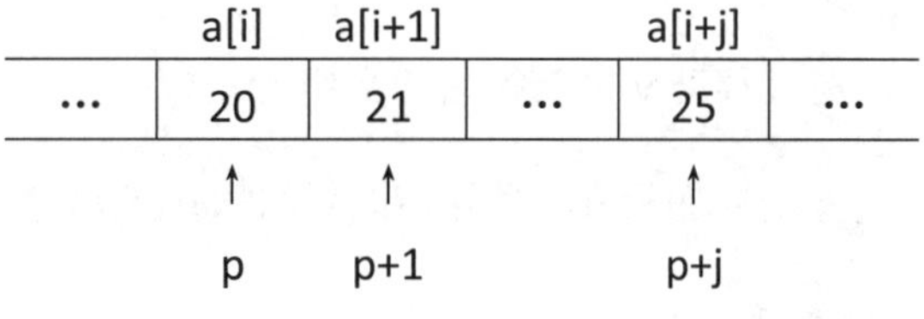

	a[i]	a[i+1]		a[i+j]	
…	20	21	…	25	…
	↑	↑		↑	
	p	p+1		p+j	

图 7–4

依照上述规则，我们也可以使用指针移动的方式，若指针 p 指向元素 a[i]，那么表达式 p++令指针 p 指向元素 a[i+1]。

对于数组的下标表示法，也可以写成指针+偏移量的方式，数组元素 a[i]等价于*(a+i)；类似地，*(p+j)也可以使用下标法表示成 p[j]，即 p 指向的元素之后第 j 个元素，如图 7-5 所示。

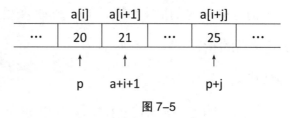

图 7-5

此外，对于图 7-5 中指向数组的各指针，存在关系 p<a+i+1 和 p<p+j。

二、指向数组元素的指针作为函数参数

我们回顾一下【例 6-4】，函数 max 用于返回形参数组 v 中最大元素的值：

```
int max(int v[],int n)
{
    int m=v[0];
    while(--n) /*先对 n 自减 1，再进行条件判断*/
        { if(m<v[n]) m=v[n]; }
    return m;
}
```

形参 v 在函数调用值传递时接收的是实参数组的起始地址，因此 int v[]等价于声明一个指向 int 类型对象的指针 int *v。数组元素的下标表示法可以换成等价的指针+偏移量表示法，函数 max 于是可以有如下表达：

```
int max(int *v, int n)
{
    int m=*v;
    while(--n)
        { if(m<*(v+n)) m=*(v+n); }
    return m;
}
```

也可进一步写成指针变量移动的形式：

```
int max(int *v,int n)
{   /*n 的值不变，通过移动 v 来获得新的数组元素*/
    int m=*v;
    int *u=v+n; /*定义指针变量 u，令 u 指向数组末尾元素之后的存储单元*/
    while(v++<u)
        { if(m<*v)m=*v;}
    return m;
}
```

while 的循环条件中 v++<u，先测试 v<u 的结果（即 v 指向的数组元素在 u 指向的元

素之前结果为真，参考图 7-4），之后令 v 自增指向数组下一个元素。

7.1.4 指针与字符串

程序中的字符串，如"summer flowers"，实际是通过字符指针访问的。"summer flowers"中的各字符存放在相邻的存储单元中，如果执行 printf("summer flowers")，则 printf 接收的参数是字符串第一个字符的指针。我们可以有如下语句：

char *ps= "summer flowers"; printf("%s",ps);

这里声明了一个字符指针 ps，它指向字符串常量"summer flowers"的第一个字符，有时也称 ps 指向字符串"summer flowers"。printf 使用%s 输出 ps 指向的字符串。

由于 ps 指向字符串常量，我们不能改变常量的内容，但可以改变 ps 的指向，令 ps 指向其他字符或字符串，如：

ps= "winter snow";

请注意与如下定义区分：

char s[]="summer flowers";

这里没有声明指针变量，而是声明了字符数组 s，共包含 15 个元素，使用"summer flowers"来初始化。数组的每一个元素都是一个 char 类型变量，程序可以对它们重新赋值。

7.1.5 指针数组与高维数组

指针数组的定义规则与一般数据类型的数组一样，例如 int *pa[10];，声明指针数组 pa，包含 10 个元素，每个元素都是一个指向 int 类型对象的指针变量。当指针数组的每个元素都指向一个字符串时，可以有如下定义：

```
char *pc[4]={"Spring",
             "Summer",
             "Autumn",
             "Winter"
                };
```

数组 pc 包含 4 个元素，每个元素是一个指向 char 类型对象的指针变量，它们分别指向 4 个字符串常量。

作为对比，我们定义二维字符数组：

```
char s[4][7]={"Spring",
              "Summer",
              "Autumn",
              "Winter"
                 };
```

数组 s 包含 28 个元素，每个元素是一个 char 类型变量。第 1 行 s[0]的 7 个元素由字符串"Spring"中的各个字符初始化，其他元素以此类推，没有被初始化的数组元素自动为 0。

对于二维数组 s，s[0]、s[1]……表示对应行第 1 个元素的地址，数据类型为 char *。

7.1.6　指向函数的指针

标准 C 语言的函数名代表函数的首地址，可以定义指向函数的指针来访问函数。例如，int (*p)(int,int)，指针变量 p 被定义为指向具有的原型为 int 函数名(int,int) 的函数，若有函数定义：

```
int f(int x,int y)
{ ... }
```

我们可以使用指针变量 p 对函数进行访问：

```
int main()
{
    int (*p)(int,int); int a=5,b=50,c;
    p=f; /*将函数 f 的首地址赋值给指针 p*/
    c=(*p)(a,b);
    ...
}
```

7.2　例程分析

【例 7-1】指针变量及其指向的对象。键盘输入两个数，按大小顺序输出，通过指针交换完成。

```
#include <stdio.h>
int main()
{
    int *p1,*p2,*p,a,b;
    puts("\n please input a,b:");
    scanf("   a=%d,b=%d",&a,&b);
    p1=&a;p2=&b; /*令指针 p1 指向 a，p2 指向 b*/
    if(a<b)
    {p=p1;p1=p2;p2=p;} /*指针交换，使 p1 指向 a、b 中较大的数，p2 指向较小的数*/
    printf("\n a=%d,b=%d",a,b);
    printf("\n *p1=%d,*p2=%d",*p1,*p2);
    return 0;
}
```

运行结果如图 7-6 所示：

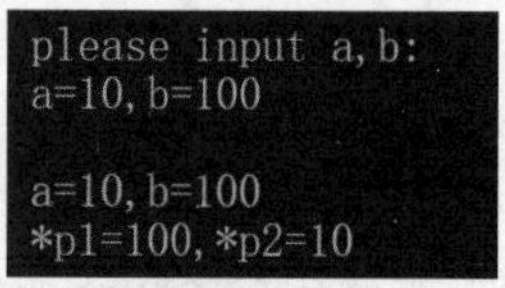

```
please input a,b:
a=10, b=100

a=10, b=100
*p1=100,*p2=10
```

图 7-6

例程解释：

（1）int *p1,*p2,*p,a,b，使用关键字 int 声明变量时，在变量名前面加*来声明指针变量。

（2）指针变量 p1 和 p2 最初分别指向 a 和 b，交换后指向 b 和 a，如图 7-7 所示。指针交换时需要借助第 3 个指针变量 p，指针的赋值要求=两边的指针是相同类型的。

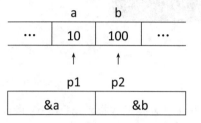 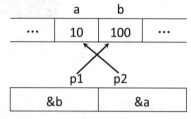

图 7-7

（3）请注意 scanf 函数的格式字符串，" a=%d,b=%d"，双引号内除格式说明%d 外的其他字符都需要输入，参见图 7-6。

【例 7-2】指针作为函数参数。调用函数 swap 交换主调函数中 a、b 的值。函数 swap 用于交换参数指针指向的对象。

```c
#include <stdio.h>
void swap(int *p1,int *p2)
{
    int t;
    t=*p1;*p1=*p2;*p2=t;
    return;    }
int main()
{
    int a,b;
    int *pa,*pb;
    puts("\n    please input a,b:");
    scanf("  %d,%d",&a,&b);
    puts("\n    before swap():");
    printf("  a=%d,b=%d",a,b);
    pa=&a;pb=&b; /*指针变量 pa、pb 分别指向 a、b*/
    printf("\n    pa=%o, pb=%o\n",pa,pb);
    swap(pa,pb); /*等价于 swap(&a,&b)*/
    puts("\n    after swap():");
    printf("  a=%d,b=%d",a,b);
    printf("\n    pa=%o, pb=%o",pa,pb);
    return 0;
}
```

运行结果如图 7-8 所示：

```
please input a,b:
10，100

before swap():
a=10,b=47
pa=30577074, pb=30577070

after swap():
a=47,b=10
pa=30577074, pb=30577070
```

图 7-8

例程解释：

（1）在 swap 函数中，借助 int 类型的变量 t，交换参数指针 p1 和 p2 指向的对象。注意和【例 7-1】对比，这里不是指针交换，而是指针指向的对象交换。swap 无返回值。

（2）在 main 函数中，定义指针变量 pa、pb，分别指向变量 a、b。调用语句 swap(pa,pb)，在值传递时使 swap 函数的形参变量 p1 和 p2 获得实参变量 pa 和 pb 的值，如图 7-9 所示。这时，swap 的形参指针 p1、p2 指向 main 的变量 a、b，在 swap 中通过引用指针 p1、p2 指向的对象交换了 a、b 的值。

（3）在函数调用过程中 swap 并没有改变实参（pa、pb）的值，这与函数调用值传递规则相一致——被调函数不能改变主调函数实参的值。

（4）将 swap 写成：

```c
void swap(int *p1,int *p2)
{
    int *t;
    *t=*p1;*p1=*p2;*p2=t;
    return;
}
```

注意差别，中间量 t 在这里声明为指向 int 类型的指针。运行后无法获得正常的结果。原因是，swap 的意图为交换指针 p1、p2 指向的对象，但表达式*t=*p1 由于 t 没有指向而无法获得*t。

（5）将 swap 写成：

```c
void swap(int *p1,int *p2)
{
    int *t;
    t=p1;p1=p2;p2=t;
    return;
}
```

运行输入 a、b 的值，结果表明 swap 不能够交换 a、b 的值。我们观察到，swap 函数中的中间变量 t 被定义为 int 类型的指针，swap 交换了指针 p1、p2，而非 p1、p2 指向的对象。这两者的差别是明显的，前者对 main 函数中的变量 a、b 是没有作用的，后者则不然，对比见图 7-9 和图 7-10。

（6）将 swap 写成：

```
void swap(int x,int y)
{
    int t;
    t=x;x=y;y=t;
    return;
}
```

函数调用写成 swap(a,b),运行输入 a、b 的值,结果表明 swap 不能够交换 a、b 的值。如图 7-11(结果和图 7-10 是类似的)所示。实参 a、b 通过值传递使形参变量 x、y 获得相应的值,swap 函数中交换了 x、y 的值,交换过程对 main 函数的变量 a、b 没有作用,a、b 的值不会发生变化。

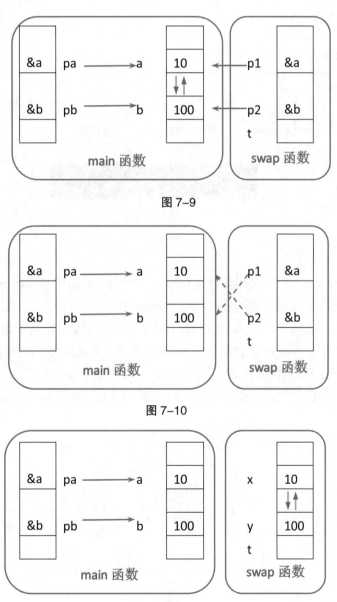

图 7-9

图 7-10

图 7-11

【例7-3】指针用于数组。使用指针完成【例6-5】键盘读入字符串，计算字符串长度（有效字符的数目）。main 函数没有变化，我们使用指针重写 s_lenth。

```c
#include <stdio.h>
int s_lenth(char s[]);
int main()
{
    char str[50];
    printf("\n please input your string:");
    scanf("%s",str);
    printf(" lenth=%d",s_lenth(str));
    return 0;
}
int s_lenth(char *s)
{
    char *p=s;
    while(*s) s++;
    return s-p;
}
```

运行结果如图 7–12 所示：

```
please input your string:flowers
lenth=7
```

图 7–12

例程解释：

（1）如图 7–13 所示，调用函数 s_lenth，实参将值传给形参，即 s=str，形参指针 s 指向 str[0]，函数内部变量 p 被 s 赋值，也指向 str[0]。

（2）*s 作为 while 循环控制的表达式，测试 s 指向对象的值是否为 0，若非 0，s 指向下一个字符。字符串结束符'\0'对应的 ASCII 值为 0，当遇到它时，循环结束。

（3）s_lenth 函数返回表达式 s-p 的结果，如图 7–13 所示，s 和 p 均指向同一数组元素，随着 while 循环的进行，s 指向更靠后的元素，s-p 是它们指向的数组元素之间的元素数目。

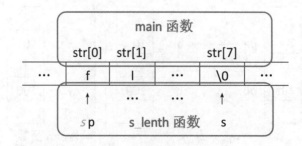

图 7–13

【例 7-4】输出指针数组指向的各字符串。

```c
#include <stdio.h>
int main()
{
    char *pc[3]={"One",
                 "Two",
                 "Three",
                 };
    int i;
    for(i=0;i<3;i++)
        printf("\n %s",pc[i]);
    return 0;
}
```

运行结果如图 7-14 所示：

图 7-14

例程解释：

（1）如图 7-15 所示，数组 pc 的每个元素都指向一个字符串常量的首字符。数组名 pc 可以看作指向 pc[0] 的指针，这与一维数组的规律是一致的。

（2）pc[i] 为指向字符的指针，数据类型为 char *，与输出格式 %s 配合输出指向的字符串。

（3）pc[i] 等价于 *(pc+i)。

（4）由图 7-15 可以看出，pc 作为数组名可看作是指向指针的指针。

声明 char **q=pc，是合法的，此时可以将 pc[i] 替换为 *q++，先取 q 指向的对象再令 q 自增，即指向 pc 的下一个元素，如图 7-15 所示。代码如下：

```c
char **q=pc;
for(i=0;i<3;i++)
    printf("\n %s",*q++);
```

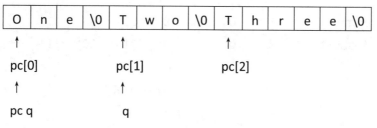

图 7-15

【例7-5】指针与二维数组。调用函数 day_of_year 计算某个日期是所在年份的第几天，例如，计算 2000 年 3 月 12 日是 2000 年中的第几天。我们使用一个 2 行 13 列的二维数组 daytab 来建立一个"月份—天数"表，两行分别对应非闰年和闰年，例如 daytab[0][2] 表示非闰年 2 月的天数。

```c
#include <stdio.h>
int daytab[2][13]={
    {0,31,28,31,30,31,30,31,31,30,31,30,31},
    {0,31,29,31,30,31,30,31,31,30,31,30,31}
};
int day_of_year(int year, int month, int day)
{
    int i, leap;
    leap=year%4==0 && year%100!=0 || year%400 ==0; /*判断 year 是否为闰年*/
    for(i=1; i<month; i++)
        day+= daytab [leap][i];/*在日期上累加之前月份的天数*/
    return day;
}
int main() {
    printf("%d\n",day_of_year(2000,3,12));
    return 0; }
```

运行结果：72

例程解释：

（1）对于二维数组 daytab，数组名表示数组起始地址，指向数组第一行，数据类型为：int (*)[13]，是一个指向一维数组的指针，该一维数组包含 13 个 int 元素，如图 7-16 所示。因此，daytab+1 指向二维数组的第二行。

（2）daytab[0]指向第一行的第一个元素 daytab[0][0]，daytab[1]指向第二行的第一个元素 daytab[1][0]，这两个指针的类型为 int *，是指向 int 数据的指针。daytab[1]+2 指向 daytab[1][2]，如图 7-16 所示。我们也可以使用指针+偏移量的方式将 daytab[1][2]表达成 *(daytab[1]+2)或者*(*(daytab+1)+2)。实际上，daytab[1][2]也是按照这种计算方式获得元素值的。

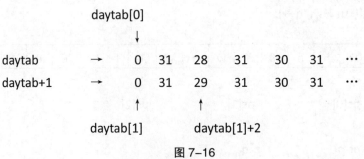

图 7-16

【例 7-6】指向函数的指针。我们设计函数 max 用于返回两数中较大的值，在主函数中使用指向函数的指针来访问 max 函数。

```
#include <stdio.h>
max(int x,int y) /*返回 x、y 中较大的值*/
{
    return (x>y) ? x:y;
}
int main()
{
    int max(int,int);
    int (*p)(int,int); /*定义指向函数的指针变量 p */
    int a,b,c;
    p=max; /*将函数 max 的地址赋值给 p */
    scanf("%d,%d",&a,&b);
    c=(*p)(a,b); /*使用指向函数的指针调用函数 max */
    printf("a=%d,b=%d,c=%d\n",a,b,c);
    return 0;
}
```

运行结果如图 7-17 所示：

```
3, 25
a=3, b=25, c=25
```

图 7-17

7.3 实验内容

7.3.1 基本实验

【内容 1】

运行【例 7-1】至【例 7-6】，观察并分析结果。

【内容 2】

有定义：int n=0, *p=&n, **q=&p;，以下赋值哪几个是正确的？

A）p=1;　　B）*q=2;　　C）q=p;　　D）*p=5;　　E）*q=&n;　　F）q=&n;

【内容 3】

若有定义 int a[5]={ 1,3,5,7,9},*pa=a,i; ，以下选项不能依次输出数组元素的是：

A）for(i=0;i<5;i++) printf("%3d",*(pa++));

B）for(i=0;i<5;i++) printf("%3d",*pa++);

C）for(i=0;i<5;i++) printf("%3d",*(pa+i));

D）for(i=0;i<5;i++) printf("%3d", (*pa)++);

【内容 4】

以下程序输出结果是什么？p、s、s[0]、*p 的数据类型各是什么？

```c
#include <stdio.h>
int main()
{
    char s[]="369",*p;
    p=s;
    printf("%c",*p++);printf("%c",*p++);
    return 0;
}
```

【内容 5】

函数 void stringcpy(char *s, char *t)用于将 t 指向的字符串赋值到 s 指向的位置,请填空。

```c
#include <stdio.h>
void stringcpy(char *s,char *t)
{
    while(*s++_____);
    return;
}
int main()
{
    char str1[50],str2[50];
    gets(str2); /*键盘读入字符串，按回车结束输入*/
    stringcpy(str1,str2);
    printf("\n str1=%s\n str2=%s",str1,str2);
    return 0;
}
```

【内容 6】

函数 int findmax(int *v, int n)用于返回数组中最大的值，请填空。

```c
#include <stdio.h>
int findmax(int *v, int n)
{
    int *p,*s;
    for(p=v,s=v;p-v<n;p++)
        if(_____) s=p;
    return *s;
}
int main()
{
    int a[7]={12,3,6,2,56,7,10};
    printf("%d\n",findmax(a,7));
    return 0;
}
```

【内容 7】

编写函数 void reverse(char *s)将 s 指向的字符串翻转。例如,字符串 water 翻转为 retaw。字符串的输入在主调函数中完成。

【内容 8】

编写函数实现字符串按字典顺序比较,int s_comp(char *s,char *t),s 和 t 各指向一个字符串,若 s 指向的字符串的字典顺序在 t 之前,认为 s 比 t 小,函数返回负整数;s 的字典顺序在 t 之后,认为 s 比 t 大,函数返回正整数;两个字符串相同时返回 0。

算法提示:对两个字符串,从第 1 对字符开始,两两比较,当遇到不相同的一对字符时返回差值,如图 7-18 所示,函数的返回值为'o'-'e'=111-101=10;若比较过程中直到遇到字符串结束符依然两两相等,则函数返回 0。

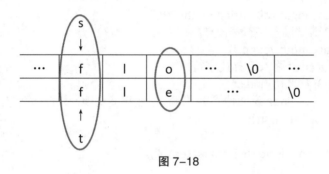

图 7-18

7.3.2 问题与思考

【问题与思考 1】

观察以下程序的运行结果:

```
#include <stdio.h>
#include <stddef.h>
int main()
{
    printf("%d\n",NULL);
    return 0;
}
```

运行输出 0。

解析:

(1)NULL 为 stddef.h 中定义的符号常量,其值为 0。

(2)在指针变量的运算规则中,不能将整数赋值给一个指针变量,但 0(NULL)除外。例如 int *p=NULL;,这是合法的,但地址为 NULL 的单元不能随意存放用户数据。

【问题与思考 2】

函数 findx 是返回指针的函数，在 s 指向的字符串中查找字符 x，若找到，返回 s 中该字符的地址，没找到时返回 0。请阅读以下程序，分析结果。

```c
#include <stdio.h>
char *findx(char *s,char x) /*在字符串 s 中查找字符 x*/
{
    while(*s){
        if(*s==x) /*若找到 x，返回 s 中该字符的地址*/
            return s;
        s++;}
    return 0; /*没找到 x，返回 0*/
 }
int main()
{
    char str[20],c,*r;
    printf("Please input your string(lenth<20):");
    gets(str); /*键盘读入字符串 str*/
    printf("Please input your c:");
    scanf("%c",&c); /*读入待查找字符*/
    r=findx(str,c); /*调用 findx */
    if(r!=NULL) /*若 findx 返回值不为"空"，输出 c 在 str 中的位置*/
        printf("%d\n", r-str);
    else
        printf("There is no such character.\n");
    return 0;
}
```

运行结果如图 7-19 所示：

```
Please input your string(lenth<20):pointer
Please input your c:n
3
```

图 7-19

解析：

（1）先看函数 findx，它的参数 s 是一个指向字符串的指针。*s 作为 while 循环条件，用于判断 s 指向的字符是否为字符串结束符'\0'。

（2）在 while 循环体内测试关系*s==x，若成立，返回 s（字符地址）；当查找遇到字符串结束符跳出 while 后，函数返回 0（即 NULL）表示未找到 x。

（3）再来看 main 函数，调用 findx，r=findx(str,c)，这里需要注意函数的返回值类型为 char *，赋值符号左边的变量 r 的类型也应为 char *。

（4）若在 str 中找到了 c，r 指向 str 中的该字符，如图 7-20 所示，r-str 即为字符在 str 中的位置。

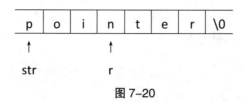

图 7-20

【问题与思考 3】

再讨论【例 7-4】中的指针数组与指向指针的指针。阅读以下程序，判断运行结果。

```
#include <stdio.h>
int main()
{
    char *pc[3]={
                    "One",
                    "Two",
                    "Three"
                };
    char *k;
    char **q;
    k=pc[0]; q=pc;
    printf("%c%c%c\n",*(k+1),k[1],*(*(q+2)+2));
    return 0;
}
```

运行输出：nnr

解析：

（1）程序中定义了指针数组 pc，它的 3 个元素分别指向 3 个字符串，如图 7-21 所示。此外，程序定义了 char * 类型的指针 k，它与指针数组的元素有相同的数据类型；指针 q 的类型为 char **，是一个指向指针的指针，它与指针数组名 pc 的类型相同。因此，k=pc[0]; q=pc;是合法的，各指针如图 7-21 所示。

（2）表达式*(k+1)和 k[1]等价，其值与*(pc[0]+1)相同，即字母 n。如图 7-21 所示，q+2 指向 pc[2]，因此*(q+2)为 pc[2]，*(q+2)+2 为 pc[2]+2，是指向字母 r 的指针。

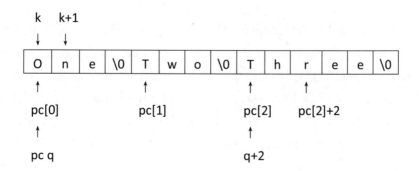

图 7-21

【问题与思考 4】

再讨论【例 7-5】中的二维数组与指针。函数 f1 和 f2 均用于输出闰年各月的天数，注意观察函数定义和调用时的参数。

```c
#include <stdio.h>
int daytab[2][13]={
    {0,31,28,31,30,31,30,31,31,30,31,30,31},
    {0,31,29,31,30,31,30,31,31,30,31,30,31}
}; /*daytab 第 1 行为非闰年各月天数，第 2 行为闰年各月天数，第 0 月天数为 0*/
void f1(int (*p)[13])
{
    int i;
    for(i=1;i<13;i++)
        printf(" %dth=%d ",i,*(*(p+1)+i));
}
void f2(int *k)
{
    int i;
    for(i=1;i<13;i++)
        printf(" %dth=%d ",i,*(k+i));
}
int main()
{
    f1(daytab);
    putchar('\n');
    f2(daytab[1]);
    return 0;
}
```

运行结果如图 7-22 所示：

| 1th=31 | 2th=29 | 3th=31 | 4th=30 | 5th=31 | 6th=30 | 7th=31 | 8th=31 | 9th=30 | 10th=31 | 11th=30 | 12th=31 |
| 1th=31 | 2th=29 | 3th=31 | 4th=30 | 5th=31 | 6th=30 | 7th=31 | 8th=31 | 9th=30 | 10th=31 | 11th=30 | 12th=31 |

图 7-22

解析：

（1）对 f1 和 f2 调用的输出结果是一样的。请注意观察两函数的实参和形参的情况。

（2）对于维数组，数组名表示指向一维数组的指针，daytab 的数据类型为 int (*)[13]。函数 f1 的参数声明 int (*p)[13]，声明指针 p 为指向包含 13 个 int 元素的一维数组的指针，如图 7-23 所示，p 与 daytab 类型一致，调用函数 f1 时 p=daytab 这一值传递过程是合法的。p+1 指向 daytab 的第 2 行一维数组，*(p+1)的类型为 int *，指向元素 daytab[1][0]。若 f1 的形参声明为 int **p，p=daytab 是不合法的。请注意和【问题与思考 3】的指针 q 对比。

（3）二维数组 daytab 的一维下标形式，daytab[0]、daytab[1]均为 int *类型，分别是

指向 daytab[0][0] 和 daytab[1][0] 的指针。调用函数 f2 时实参 daytab[1] 与形参 k 类型一致，函数调用也可写成 f2(&daytab[1][0]) 或者 f2(*(daytab+1))。

```
daytab,p        →     0   31   28   31   30   31   …
daytab+1,p+1    →     0   31   29   31   30   31   …
                      ↑         ↑
                 daytab[1],k    k+2
                  *(p+1)     *(p+1)+2
```

图 7-23

7.3.3　综合与拓展

【练习 1】

阅读以下程序，输入 ABC，则输出结果是什么？函数 strcat(char *s,char *t) 为 string.h 中声明的库函数，用于将 t 指向的字符串连接到 s 指向的字符串末尾。

```c
#include <stdio.h>
#include <string.h>
int main()
{
    char s[20]="1,2,3,4,5";
    gets(s); /*输入 ABC*/
    strcat(s,"+-+");
    printf("%s\n",s);
    return 0;
}
```

【练习 2】函数 huiwen 的功能是判断一个字符串是否是回文，是回文时，函数返回"yes"，否则返回"no"，并在主函数中输出判断结果。回文是指正向与反向的拼写都一样，例如"12321""eye"。请在空白处填入合适的语句。函数 int strlen(char *s) 为 string.h 中声明的库函数，用于返回 s 指向的字符串的有效字符数。

```c
#include <stdio.h>
#include <string.h>
char *huiwen(char *s)
{
    char *p1,*p2;
    int i,t=0;
    p1=s;
    p2=s+strlen(s)-1;
    for(;p1<=p2;_____)
        if(_____)
```

```
            {
                    t=1;
                    break;
            }
        if(t==0)return("yes");
        else return("no");
    }
    int main()
    {
        char str[20];
        printf("please input your string:");
        scanf("%s",str);
        printf("%s\n",_____);
        return 0;
    }
```

【练习3】编写函数 int getdigit(char *s ,char *t)，将 s 中的数字字符顺次提取出产生一个新的字符串 t，并返回字符串 t 的有效字符数，例如 s 字符串为 you246we135，t 字符串则为 246135，函数返回 6。这里我们假设处理的字符串不会很长（<50）。

【练习4】 有如下指针数组的定义：

char pstring[10]={"cat","bee","snake","monkey","goat","dog","lion","bird","fish","horse"}

请编写程序实现字符串按字典顺序输出。要求：

（1）编写函数 void sort(char *v[],int n)，对指针数组排序，使各元素指向的字符串依字典升序，如图 7-24（a）和（b）所示；

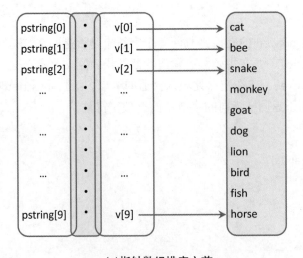

(a)指针数组排序之前

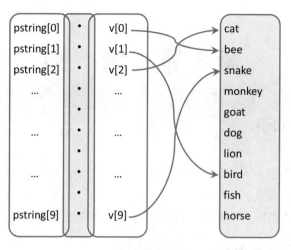

(b)指针数组排序之后

图 7-24

（2）编写函数 void writestring (char *wptr[ ], int nstring)，输出指针数组指向的各个字符串，n 为指针数组的元素数。

（3）编写相应的主函数。

提示，可使用 string.h 中定义的库函数：返回字符串长度的函数 strlen，按字典顺序比较两字符串大小的函数 strcmp。

【练习 5】

程序中有如下语句：

char f(char *);

char *s="bee", a[]={"1,2,3"}, (*pf)()=f, ch;

接下来对函数 f 的调用正确的有哪几个？

A）(*pf)(a);　　B）*pf(*s);　　C）f(&a);　　D）ch=pf(s);

【练习 6】

有 5 个学生 3 门课的成绩，用二维数组表示：

float score[5][3]={{88,79,90},{60,55,73},{90,91,88},{75,68,80},{83,89,92}};。

（1）编写函数 float average(float (*p)[3],int num)求某个学生的平均分数，例如 num=1 时返回{60,55,73}的平均值。

（2）编写函数 void search_fail(float (*p)[3],int n)输出有不及格成绩的学生学号（成绩的行下标）及该生所有的成绩，n 为学生数目，这里为 5。

第8章 结 构

8.1 基本知识

有时，程序需要将不同类型的数据组合成一个整体，以便于引用，这些组合在一个整体中的数据是互相关联的。例如，一个学生的学号、姓名、性别、年龄、成绩等，都是属于某一个学生的资料。结构是一种可以将有关联数据整合起来的数据类型。

8.1.1 结构与结构成员

一、结构定义的基本形式

标准 C 语言使用关键字 struct 定义结构标记，进而定义结构变量：

```
struct 结构标记名
{   成员列表   };
struct 结构标记名 结构变量名;
```

例如：

```
struct student
{
    int num; /*学号*/
    char name[20]; /*名字*/
    char sex; /*性别*/
    int age; /*年龄*/
    float score; /*成绩*/
};
struct student stu1,phy[20],*q;
```

关键字 struct 声明结构标记 student，该结构包含 num、name、sex 等成员（结构成员的数据类型可以各不相同）。注意，声明结构标记并不涉及存储分配，仅仅声明了一个"结构模板"。接下来，我们可以使用这个结构标记定义结构变量 stu1、结构数组 phy[20] 和结构指针 q，定义时分配相应的存储。

我们也可以在声明结构标记的同时定义结构变量：

```
struct student
{
    int num;
    char name[20];
    char sex;
    int age;
    float score;
} stu1;
```

结构标记名 student 可以缺省，这时虽可以定义结构变量 stu1，但不能再使用名字 student 来定义其他结构变量了。

二、结构变量初始化

可以在定义结构变量的同时，对其各个成员进行初始化：

struct student stu1={100,"Li",'M',18,588};

三、结构成员的引用

有如下 3 种常用形式：

结构变量名.成员名

指针名->成员名

(*指针名).成员名

四、结构变量所占的存储

由于不同的对象有不同的对齐要求，结构变量所占的存储单元数并非各成员所占存储的简单相加，我们可以使用 sizeof 运算符来计算结构变量的存储单元数，例如 sizeof(stu1)。

8.1.2 链表

链表由若干首尾相连的结点构成，每个结点都是一个结构。

一、链表结点的基本形式

链表结点的成员通常由基本数据和指向结构的指针构成，指针用于连接下一个结点：

```
struct 结构标记名
{
    成员列表   /*基本数据*/
    struct 结构标记名 *next;   /*指针*/
};
```

例如：

```
struct link_node
{
    int num;
    double data;   /*基本数据*/
    struct link_node *next;   /*指针*/
};
```

二、链表

图 8-1 是一个包含 3 个结点的链表，结构变量 a、b、c 为链表结点，每个结点的指针成员用于指向下一个结点，最后一个结点的指针值为 0 或 NULL，指针 head 指向链表的第一个结点，也被称为链表头。由以下程序段来建立这样的链表，定义 3 个 struct link_node 类型的结构 a、b、c，以及一个此类型的指针 head：

```
struct link_node
{
    int num;
    double data;
    struct link_node *next;
};
int main()
{
    struct link_node a,b,c,*head;
    a.num=1; a.data=90.0;
    b.num=2; b.data=80.0;
    c.num=3; c.data=70.0;
    head=&a;
    a.next=&b;
    b.next=&c;
    c.next=0;
    return 0;
}
```

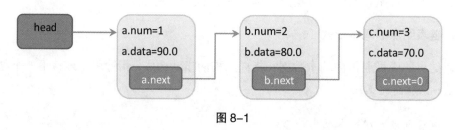

图 8-1

8.1.3　类型定义

类型定义用于建立新的数据类型名，基本形式为：

typedef 类型名 新类型名

例如：

typedef float Score ; /*定义类型名 Score，与 float 有同等的功能*/
Score math,physics,chemistry; /*使用 Score 定义的 3 个变量具有 float 类型*/

再如：

typedef char* String ; /*定义类型名 String，与 char*有同等的功能*/
String star="***"; /*star 为指向字符串的指针*/

8.1.4 共用体

共用体是可以（在不同时刻）保存不同类型和长度的对象的变量，它可以在一块存储区中管理不同类型的数据。

一、共用体定义的基本形式

```
union  共用体标记名
{    成员列表    };
union  共用体标记名  共用体变量名 ;
```

例如：

```
union data
{
    char c;
    int i;
    float f;
};
union data u;
```

共用体变量 u 的 3 个成员共用长度为 4 个字节的一块存储区（使用 sizeof(u)可以测试 u 的长度），在程序的不同时刻可以存放不同的成员，但每次只能由一个成员占用存储区，如图 8-2 所示。

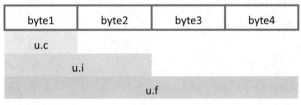

图 8-2

二、共用体成员的引用

有如下 3 种常用形式：
共用体变量名.成员名
指针名->成员名
(*指针名).成员名
例如：

```
union data
{
    char c;
    int i;
    float f;
};
```

```
int main()
{
    union data u={'A'},*p=&u; /*此时，u 的 4 字节存储区由成员 c 使用*/
    printf("%c\n",u.c);
    u.i=100; /*此时，u 的 4 字节存储区由成员 i 使用*/
    printf("%d\n",u.i);
    u.f=0.8; /*此时，u 的 4 字节存储区由成员 f 使用*/
    printf("%.2f\n",u.f);
    u.c='A';
    printf("%c\n",p->c); /*使用指向 u 的指针 p 来引用共用体成员*/
    u.i=100;
    printf("%d\n",p->i);
    u.f=0.8;
    printf("%.2f\n",p->f);
    return 0;
}
```

8.2　例程分析

【例 8-1】结构变量的定义。以下不能定义结构变量 cl 的是：

A）struct color
{
    int red; int green; int blue;
} cl;

B）struct
{
    int red; int green; int blue;
} cl;

C）typedef struct
{
    int red; int green; int blue;
} color;
color cl;

D）struct color cl
{
    int red; int green; int blue;
};

例程解释：

D）不符合结构变量定义的语法规则。A）和 B）是在定义结构标记时定义了结构变量 cl。C）使用 typedef 定义了新的类型名 color，再使用 color 来定义结构变量 cl。

【例 8-2】结构成员的引用。

```c
#include <stdio.h>
struct student
{
    int num;
    char name[20];
    char sex;
    int age;
    float score;
} ;
int main()
{
    struct student stu1={100,"Li",'M',18,588},*p=&stu1;
    printf("%d %s %c %d %.2f\n",stu1.num,stu1.name,stu1.sex,stu1.age,stu1.score);
    printf("%d %s %c %d %.2f\n",p->num,p->name,p->sex,p->age,p->score);
    return 0;
}
```

运行结果如图 8-3 所示：

```
100 Li M 18 588.00
100 Li M 18 588.00
```

图 8-3

例程解释：

（1）struct student stu1={100,"Li",'M',18,588},*p=&stu1; ，定义结构变量 stu1，并对其各成员初始化；另外定义指针 p，并令它指向 stu1。

（2）使用结构变量名.成员名的形式引用结构成员，如 stu1.num。

（3）使用指针名->成员名的形式引用结构成员，如 p->num。

【例 8-3】结构数组的定义、初始化，以及输出各数组元素的成员。

```c
#include <stdio.h>
int main()
{
/*定义并初始化结构数组，每个数组元素都是一个包含学生学号和姓名的结构*/
    struct stu{
        int num;
        char name[20];
    }x[5]={1,"LI",2,"ZHAO",3,"WANG",4,"ZHANG",5,"LIU"},*p=x;
    int i;
    for(i=0;i<5;i++) /*输出结构数组各元素的成员*/
        printf("%d,%s\n",x[i].num,x[i].name);
```

```
    puts("\n*********\n");
    for(i=0;i<5;i++,p++)
        printf("%d,%s\n",p->num,p->name);
    return 0;
}
```

运行结果如图 8-4 所示:

图 8-4

例程解释:

（1）如图 8-5 所示，x 为结构数组，其每个元素均为一个 struct stu 类型的结构变量，可以在数组定义的同时进行初始化。p 为指向 x[0]的指针，p=x 等价于 p=&x[0]。

（2）使用 x[i].成员名的形式，可以引用结构数组元素的成员。name 成员为字符数组（初始化为字符串），使用%s 格式输出。

（3）p->成员名，使用指针 p 来引用结构成员。p++，令 p 指向结构数组的下一个元素，如图 8-5 所示。

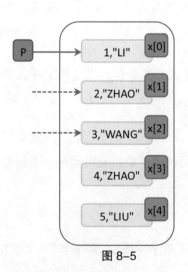

图 8-5

【例 8-4】返回值为结构的函数。求图 8-6 中矩形的中点。

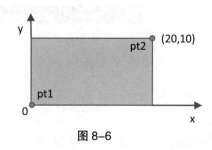

图 8-6

```
#include <stdio.h>
#define XMAX 20
#define YMAX 10
struct point /*定义描述平面上一个点的结构，包含 x、y 坐标*/
{
    int x;
    int y;
};
struct rect /*定义矩形，用其对角线上的两点 pt1 和 pt2 进行描述*/
{
    struct point pt1;
    struct point pt2;
};

int main()
{
    struct point makepoint(int x,int y); /*函数 makepoint 用于构造一个点，并将它返回*/
    struct point middle; /*定义中点 middle*/
    struct rect screen; /*定义矩形 screen*/
    screen.pt1=makepoint(0,0); /*构建矩形的 pt1*/
    screen.pt2=makepoint(XMAX,YMAX); /*构建矩形的 pt2*/
    middle=makepoint((screen.pt1.x+screen.pt2.x)/2,(screen.pt1.y+screen.pt2.y)/2);
    printf("\nmiddle.x=%d,middle.y=%d\n",middle.x,middle.y);
    return 0;
}

struct point makepoint(int x,int y) /*使用形参 x、y 构造一个 struct point 类型的 temp*/
{
    struct point temp;
    temp.x=x;
    temp.y=y;
     return temp;
}
```

运行结果如图 8-7 所示：

middle.x=5,middle.y=5

图 8-7

例程解释：

（1）由于 struct rect 的两个成员都是 struct point 类型，在 screen 定义之前，需要先给出 struct point 的定义。

（2）在 screen.pt1=makepoint(0,0);中，调用函数 makepoint，参数是两个整数，返回值为 struct point 类型，这与 screen.pt1 类型一致。

（3）screen.pt1.x 表示 screen 的 pt1 成员的 x 成员，不能表示成 screen.x 或 pt1.x。

（4）函数 makepoint 中，temp.x 表示结构变量 temp 的成员 x，它与形参 x 是不同的变量，注意区分它们。

（5）函数 makepoint 中 return temp;，这里的 temp 是 struct point 类型。函数调用的参数传递及函数返回值，如图 8-8 所示：

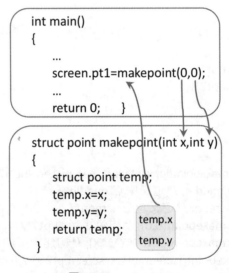

图 8-8

【例 8-5】结构数组及指向结构的指针。企业常根据员工的工号、姓名及每小时薪酬来核算和发放员工报酬。我们使用结构数组来建立一份企业员工薪酬单，用指向结构的指针作为函数参数，实现键盘读入每个员工的薪酬资料，并输出它们。

```c
#include <stdio.h>
#define NUMRECS 3 /*number of records*/
struct PayRecord /*定义包含员工工号、姓名、每小时薪酬资料的结构*/
{
    int idNum;
    char name[20];
    float payRate;
};
```

```
void getRecord(struct PayRecord *p) /*读入一条员工资料*/
{
    puts("please input:idNum \\n,name \\n,payRate \\n");
    scanf("%d",&p->idNum);
    scanf("%s",p->name);
    scanf("%f",&p->payRate);
    return;
}
void outputRecord(struct PayRecord *p) /*输出一条员工资料*/
{
    printf("%d,%s,%f\n",p->idNum,p->name,p->payRate);
    return;
}
int main()
{
    struct PayRecord *pt;
    struct PayRecord employee[NUMRECS]; /*定义结构数组，用于保存所有的员工资料*/
    /*循环地读入每个员工的资料，对每个员工输出整条资料*/
    for(pt=employee;pt<employee+NUMRECS;pt++){
        getRecord(pt);
        outputRecord(pt);
        }
    return 0;
}
```

运行结果如图 8-9 所示：

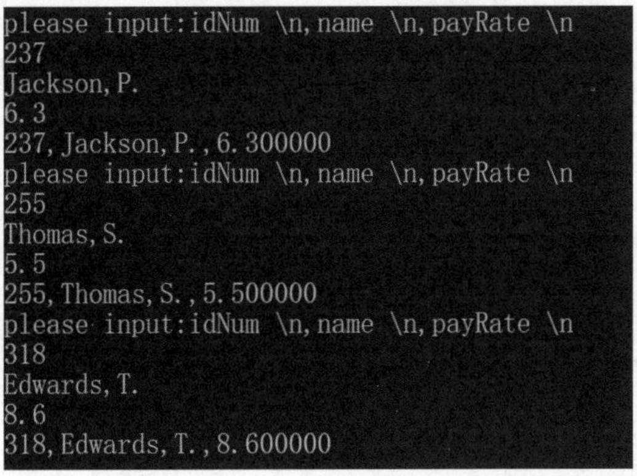

图 8-9

例程解释：

（1）main 函数中定义结构数组 employee 和指向结构的指针 pt。如图 8-10 所示，pt=employee 使 pt 最初指向结构数组的第一个元素 employee[0]，当指针 pt 没有超过数组

employee 的范围时，函数调用 getRecord(pt)和 outputRecord (pt)，向 pt 指向的结构中读入每个员工的记录并输出整个记录，pt++令结构指针指向数组 employee 的下一个元素。

（2）函数 void getRecord(struct PayRecord *p)用于向指针 p 指向的 struct PayRecord 结构中读入各个成员的值。&p->idNum 等价于&(p->idNum)表示取指针 p 指向的结构的 idNum 成员的地址。

（3）函数 void outputRecord (struct PayRecord *p)用于输出指针 p 指向的 struct PayRecord 结构的各个成员的值。各成员的引用形式分别为 p->idNum、p->name 和 p->payRate。

（4）当结构中包含的成员较多时，使用指向结构的指针作为函数参数相比使用结构变量做函数参数要便捷得多。

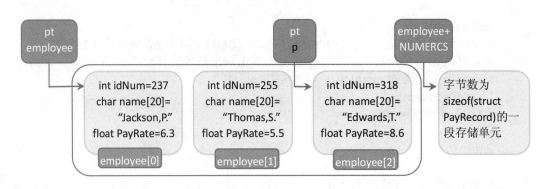

图 8-10

【例 8-6】创建一个学生资料的链表，每个结点为一名学生的资料，包括学号和成绩。函数 creat 用于创建链表，键盘输入学生资料，当输入的学号为-1时终止输入，函数返回链表的表头指针。函数 print 用于打印链表中的学生资料。

```c
#include <stdio.h>
#include <stddef.h>
#include <stdlib.h>
#define LEN sizeof(STU) /*一条学生资料占的字节数*/
#define ERRNUM -1
typedef struct student
{
    int num;
    float score;
    struct student *next;
}STU;
int n; /*学生有效资料的数目*/
STU *creat(void);/*声明函数 creat，它用于创建学生资料的链表，函数返回表头指针*/
void print(STU *head); /*声明函数 print，它用于输出学生资料，函数参数为链表头*/
```

使用 typedef 定义新的类型名 STU，它与 struct student 具有相同功能。

```
int main()
{
    STU *h;
    h=creat();
    printf(" %d students:\n",n);
    print(h);
    return 0;
}
```

①定义表头。
②创建学生资料链表。
③由表头开始打印学生资料。

```
STU *creat(void)
{
    STU *head,*p1,*p2;
    n=0;
    head=NULL; /*表头初始化为 NULL*/
    p1=(STU *)malloc(LEN);
    puts("\n please input student information:num,score:\n");
    scanf("%d,%f",&p1->num,&p1->score);
    p2=p1;
    while(p1->num !=ERRNUM)
    {
        n+=1; /*统计有效结点的数目*/
        if(n==1)head=p1;
        else    p2->next=p1; /*连接两个结点*/
        p2=p1;
        p1=(STU *)malloc(LEN);
        scanf("%d,%f",&p1->num,&p1->score);
    }
    p2->next=NULL;
    return(head);
}
```

建立链表

（1）先令 p1 指向一段 STU 类型的空白区间，创建一个结点。

（2）当该结点有效时，令表头 head 指向它，循环以下 3 个步骤建立更多的结点：

①p2=p1，令 p2 指向 p1 指向的结点。

②再令 p1 指向一段 STU 类型的空白区间，创建一个新结点。

③新结点为有效结点时，连接 p2 和 p1 指向的结点；无效结点时跳出循环。

（3）令最后一个结点的 next 为 NULL。

```
void print(STU *head)
{
    STU *p;
    p=head;
    while(p!=NULL)
    {
        printf(" num:%d,    score:%.2f\n",p->num,p->score);
        p=p->next; /*p 指向下一个结点*/
    }
}
```

从第 1 个结点开始输出每个学生的资料。

运行结果如图 8-11 所示：

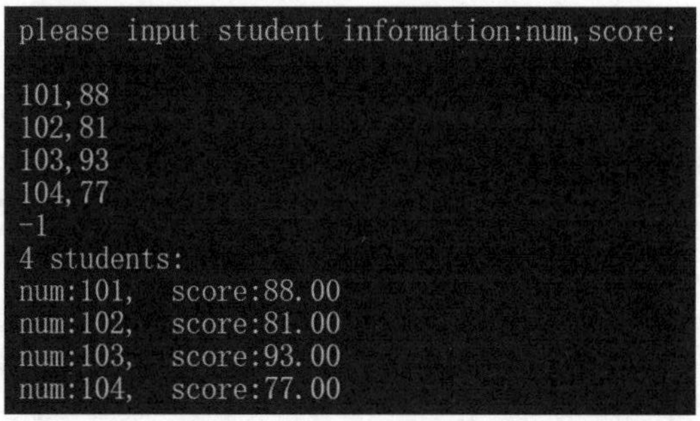

```
please input student information:num,score:

101,88
102,81
103,93
104,77
-1
4 students:
num:101,   score:88.00
num:102,   score:81.00
num:103,   score:93.00
num:104,   score:77.00
```

图 8-11

例程解释：

（1）使用 typedef 定义新的类型名 STU，它与 struct student 有相同功能。STU *creat(void);，声明函数 creat 返回值的类型为 struct student 类型的结构。void print(STU *head);，声明指针 head 指向 struct student 类型的结构。

（2）我们先来看一下 creat 函数，该函数用于创建动态链表，函数不带任何参数，返回创建好的链表表头指针。表头 head 指向第 1 个结点，之后每个结点的 next 成员都指向下一个结点，最后一个结点的 next=NULL。

首先，调用库函数 malloc，可以获得一段大小为 sizeof(STU)的存储区，函数返回值为该区域的起始地址，我们将这个地址赋值给 p1，如图 8-12(a)所示，再利用指针 p1 读入结点内容，然后引入 p2，p2=p1。

接下来测试 while 循环条件，判断 p1 指向的结点是否为有效结点。若 p1->num !=ERRNUM 成立（有效结点），那么，对于第 1 个结点，我们通过 head=p1 建立表头指针。

然后如图 8-12(b)所示，执行 p1=(STU *)malloc(LEN); 使 p1 指向新的结点；读入新的结点内容后判断结点是否有效，若有效，通过语句 p2->next=p1 将 p2 指向的结点与 p1 指向的结点连接起来，再执行 p2=p1;，使 p2 指向当前结点，不断进行图 8-12(b)所示的过程，建立并连接各个结点。

当 p1 指向的结点为无效结点时，如图 8-12(c)所示，将 p2->next 置为 NULL，并结束链表的建立。为了处理第一个结点是无效结点的情况，我们将 head 初始化为 NULL，并在进入 while 循环以前对 p2 赋初始值 p2=p1。

creat 函数返回链表的表头指针 head。

（3）函数 void print(STU *head)，用于打印链表各个结点的数据。p=p->next 使指针指向下一个结点。

（4）main 函数中，通过语句 h=creat();，创建链表并获得表头指针；调用函数 print(h);打印链表中的资料。

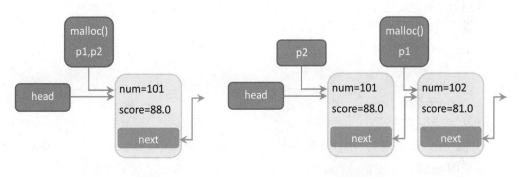

(a) 创建第 1 个结点　　　　　　　　(b) 创建中间的结点

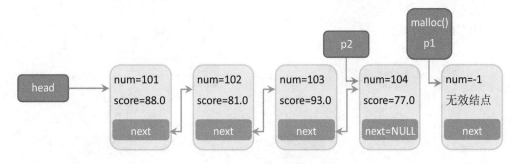

(c) 创建最后一个结点

图 8–12

8.3 实验内容

8.3.1 基本实验

【内容 1】

运行以下程序观察结果：

```c
#include <stdio.h>
int main()
{
    struct st {int x,y,z;};
    union {long i; int j; char k;} un;
    printf("%d, %d\n",sizeof(struct st),sizeof(un));
    return 0;
}
```

【内容 2】

有以下结构声明和变量定义：

```
struct node
{
    float data;
    struct node *next;
} a,b,*p=&a,*q=&b;
```

这里，指针 p 指向 a，指针 q 指向 b，问以下选项哪些能够将结点 b 连接到结点 a 之后？参见图 8-13。

A) a.next=q;
B) p.next=&b;
C) p->next=&b;
D) (*p).next=q;

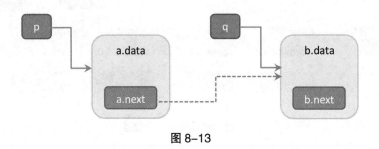

图 8-13

【内容 3】运行【例 8-1】至【例 8-6】，观察并分析结果。

【内容 4】

阅读以下程序，试分析运行结果。

```
typedef struct
{
    int b,p;
}A;
void f(A c)
{
    int j;
    c.b+=1; c.p+=2;
    return;
}
int main()
{
    A a={1,2};
    f(a);
    printf("%d,%d\n",a.b,a.p);
    return 0;
}
```

【内容 5】

以下程序中定义了结构数组 x，用于存放 5 名学生的资料，键盘输入某个学生的学号。

（1）输出该学号对应的学生资料，请在以下程序的方框处填入合适的语句。

```c
#include <stdio.h>
struct stu
{
    int num; /*学号*/
    char name[20];/*学生名*/
};
int main()
{
    struct stu x[5]={1,"LI",2,"ZHAO",3,"WANG",4,"ZHANG",5,"LIU"};
    int i, stu_num;
    printf("please input a student NO. (1~5)：");
    scanf("%d",&stu_num); /*键盘输入某个学生的学号*/




    return 0;
}
```

（2）以下程序中，put_stu 函数用于输出学号为 num 的学生资料，请在 put_stu 函数和 main 函数的方框处填入合适的语句，完成（1）的功能。

```c
#include <stdio.h>
struct stu
{
    int num;
    char name[20];
};
void put_stu(struct stu *p,int n,int num) /*p 为学生记录的起始地址，n 为学生数目*/
{
    int i;




}

int main()
{
    struct stu x[5]={1,"LI",2,"ZHAO",3,"WANG",4,"ZHANG",5,"LIU"};
    int i,stu_num;
    printf("please input a student NO.(1~5)：");
    scanf("%d",&stu_num); /*键盘输入某个学生的学号*/
```

```
                                              /*调用 put_stu 函数*/
    return 0;
}
```

【内容 6】

企业常根据员工的工号、姓名及每小时薪酬来核算和发放员工报酬。我们已建立好一份员工薪酬单，保存在结构数组 employee 中。

（1）有如下程序，请在方框内填入合适的语句，输出薪酬率最高的员工的资料。

```c
#include <stdio.h>
#define NUMRECS 5
struct PayRecord
{
    int idNum; /*工号*/
    char name[20]; /*名字*/
    float payRate; /*薪酬率*/
};

int main()
{
    float top;
    struct PayRecord *pt;
    struct PayRecord *toppt; /*指向薪酬率最高的员工资料*/
    struct PayRecord employee[NUMRECS]={
            {479,"Davies,B.",6.72},
            {623,"Lewis,P.",7.54},
            {145,"Robinson,S.",9.56},
            {987,"Evans,T.",5.43},
            {203,"Williams,K.",8.72}
            };
    pt=toppt=employee;
    while(pt<employee+NUMRECS) /*跳出循环时，toppt 指向薪酬率最高的员工资料*/
    {


    }
    printf("%d,%s,%f\n",toppt->idNum,toppt->name,toppt->payRate);
    return 0;
}
```

（2）编写函数 struct PayRecord *topRate(struct PayRecord *employee,int n)，函数返回的指针指向薪酬率最高的员工资料。请在方框内填入合适的语句。

```c
#include <stdio.h>
#define NUMRECS 5
```

```
struct PayRecord
{
    int idNum;
    char name[20];
    float payRate;
};
struct PayRecord *topRate(struct PayRecord *,int);
int main()
{
    struct PayRecord *p;
    struct PayRecord employee[NUMRECS]={
            {479,"Davies,B.",6.72},
            {623,"Lewis,P.",7.54},
            {145,"Robinson,S.",9.56},
            {987,"Evans,T.",5.43},
            {203,"Williams,K.",8.72}
            };
    p=topRate(employee,NUMRECS);
    printf("the top of our group is: %d   %10s   %5.2f\n",p->idNum,p->name,p->payRate);
    return 0;
}
struct PayRecord *topRate(struct PayRecord *employee,int n)
{



}
```

【内容 7】

对【例 8-6】所创建的学生资料链表，编写函数 void print_std(STU *head,int num)，输出某个指定学号的学生资料。部分程序已给出，请在方框处填入合适的语句。

```
#include <stdio.h>
#include <stddef.h>
#include <stdlib.h>
#define LEN sizeof(STU)
#define ERRNUM -1
typedef struct student
{
    int num;
    float score;
    struct student *next;
}STU;
int n;
```

```
STU *creat(void) /*创建学生资料的链表*/
{
    STU *head,*p1,*p2;
    n=0;
    head=NULL;
    p1=(STU *)malloc(LEN);
    puts("\n please input student information:num,score:\n");
    scanf("%d,%f",&p1->num,&p1->score);
    while(p1->num !=ERRNUM)
    {
        n+=1;
        if(n==1)head=p1;
        else    p2->next=p1;
        p2=p1;
        p1=(STU *)malloc(LEN);
        scanf(" %d,%f",&p1->num,&p1->score);
    }
    p2->next=NULL;
    return(head);
}

void print(STU *head) /*打印学生资料的链表*/
{
    STU *p;
    p=head;
    while(p!=NULL)
    {
        printf(" num:%d,    score:%.2f\n",p->num,p->score);
        p=p->next;
    }
}

void print_std(STU *head,int num) /*输出某个指定学号的学生资料*/
{
    STU *p;
    p=head;



    return;
}
```

```
int main()
{
    STU *h,std;
    h=creat();
    printf(" %d students:\n",n);
    print(h);
    puts("please input num:\n");
    scanf("%d",&std.num);
    print_std(h,std.num);
    return 0;
}
```

【内容 8】阅读以下程序，分析执行后的结果。

```
#include <stdio.h>
int main()
{
    union
    {
        unsigned int n;
        unsigned char c;
    }u1;
    u1.c='A';
    printf("%c\n",u1.n);
    printf("%d\n",u1.n);
    return 0;
}
```

8.3.2　问题与思考

【问题与思考 1】

有以下程序段：

```
#include <stdio.h>
struct st
{
    int n;
    int *m;
};
int main()
{
    int a=1,b=3,c=5;
    struct st s[3]={{101,&a},{102,&c},{103,&b}};
    struct st *q;
    q=s;
    ...
}
```

以下哪个表达式的值为 5？

A）(*q).m

B）*(q+1)-> m

C）*(q++)->n

D）(q++).(*m)

解析：

（1）A）表示 s[0]的 m 成员，即&a。C）非法，表示取 s[0]的 n 成员指向的对象，之后 q 自增；(q++)->n 的值为 101，不能再结合*运算。D）非法。

（2）B）表示取 s[1]的 m 成员指向的对象，即 c，值为 5。

【问题与思考 2】

有如下结构说明：

```
struct node
{
    char data;
    struct node *next;
}*p,*q,*r;
```

如图 8-14 所示，指针 p、q、r 分别指向链表中的 3 个连续的结点。

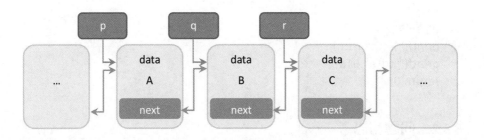

图 8-14

现要将 q 和 r 所指向的结点交换前后位置，同时保持链表结构，下列哪项不能完成此操作？

A） q->next=r->next; p->next=r; r->next=q;

B） p->next=r; q->next=r->next; r->next=q;

C） q->next=r->next; r->next=q; p->next=r;

D） r->next=q; p->next=r; q->next=r->next;

解析：

（1）A）、B）、C）将产生相同的结果，即 q 和 r 所指向的结点交换前后位置。

（2）D）项，由于先执行了 r->next=q;，最后再执行 q->next=r->next;时会使 q->next 和 q 都指向结点 B。

8.3.3　综合与拓展

【练习 1】我们定义了表示某企业员工资料的结构类型 STAFF，包括员工的工号、名字、性别、薪酬率。

（1）阅读以下程序，分析输出结果。

```c
#include <stdio.h>
#include <string.h>
typedef struct PayRecord
{
    int idNum;
    char name[20];
    char sex;
    float payRate;
}STAFF;
void f(char name[],char sex,float payRate)
{
    strcpy(name,"Edward");
    sex='m';
    payRate=9.55;
}
int main()
{
    STAFF a={456,"Claire",'f',6.72},b={306,"Alice",'f',5.85};
    b=a;
    printf("%d,%s,%c,%.2f,",b.idNum,b.name,b.sex,b.payRate);
    f(b.name,b.sex,b.payRate);
    printf("%d,%s,%c,%.2f\n",b.idNum,b.name,b.sex,b.payRate);
    return 0;
}
```

（2）现希望输出为 456,Claire,f,6.72, 456, Edward,m,9.55 ，请在程序的方框内填入合适的语句。

```c
#include <stdio.h>
#include <string.h>
typedef struct PayRecord
{
    int idNum;
    char name[20];
    char sex;
    float payRate;
}STAFF;
```

```
void f(STAFF *p)
{

    [                    ]

}
int main()
{
    STAFF a={456,"Claire",'f',6.72},b={306,"Alice",'f',5.85};
    b=a;
    printf("%d,%s,%c,%.2f,",b.idNum,b.name,b.sex,b.payRate);
    f(&b);
    printf("%d,%s,%c,%.2f",b.idNum,b.name,b.sex,b.payRate);
    return 0;
}
```

【练习 2】

我们声明包含有学生学号、名字、3 门课成绩、平均成绩的结构，并将其定义为类型 STU。

```
typedef struct st{
    char num[20];
    char name[20];
    float score[3];
    float ave;
}STU;
```

部分源程序已给出，在方框中填入合适的语句，不改变程序的其他部分，完成以下 3 个功能：

（1）在主函数中我们建立一个包含 5 名学生资料的结构数组，调用 getst 输入学生资料。函数 getst 用于键盘输入一名学生的学号、姓名、3 门课成绩，计算平均成绩并放入 ave 成员。

（2）编写函数 writest 用于输出某个学生的资料。主函数中调用 writest 函数，输出前面建立的学生资料。

（3）在主函数中键盘输入某个学生的名字，如果有这个名字的记录，调用 writest 输出该生的资料。

```
#include <stdio.h>
#include <string.h>
typedef struct st{
    char num[20];
    char name[20];
    float score[3];
    float ave;
}STU;
```

```
void getst(STU *pst)
{

    [                    ]

}

void writest(STU *pst)
{

    [                    ]

}

int main()
{
    STU st[5]; /*定义包含 5 名学生资料的结构数组*/
    char name[20];
    int k,flag=0;

     /*输入所有学生的资料*/
    for(k=0;k<5;k++){
        printf("\nn=%d\n",k+1);/*输出学生序号*/
        getst(&st[k]);
    }

    /*输出所有学生的资料*/
    for(k=0;k<5;k++){
        printf("\nn=%d\n",k+1);
        writest(&st[k]);
    }
     /*键盘输入某个学生的名字，如果有这个名字的记录，调用 writest 输出该生的
     资料*/

    [                    ]

    return 0;
}
```

【练习 3】我们建立了一个学生成绩链表，包括 10 名学生（成绩、名字）。下面给出了部分程序，在主函数中学生们的成绩存放在数组 score 中，学生们的名字由指针数组 name 获得，调用函数 creat 利用 score 和 name 提供的数据，完成链表的建立；调用函数 outlist 输出链表的内容；调用函数 fun 获得指向最高分学生的指针，并输出该生的成绩和名字。请在方框处填入合适的语句完成函数 fun 的功能，不改变程序的其他部分。

```c
#include <stdio.h>
#include <stddef.h>
#include <stdlib.h>
#include <string.h>
#define N 10

typedef struct st{
    float score;
    char name[20];
    struct st *next;
}STREC; /*定义链表结点的类型为 STREC */

STREC *fun(STREC *h)
{



}

STREC *creat (float *s,char **name)
{
    STREC *h,*p,*q;
    int i=0;
    p=(STREC *)malloc(sizeof(STREC));
    while(i<N)
    {
        if(i==0)
            h=p;/*令表头指向第一个结点*/
        p->score=s[i];strcpy(p->name,name[i]);/*放入一名学生的资料*/
        q=p;
        p=(STREC *)malloc(sizeof(STREC));/*获得一个新的结点*/
        q->next=p; /*将空结点连接到末尾*/
        i++;
    }
    q->next=NULL; /*链表末尾*/
    return h;
}

void outlist(STREC *h)
{
    while(h!=NULL){
        printf("%s,%.2f\n",h->name,h->score);
        h=h->next;
    }
}
```

```
int main()
{
    float score[N]={86,75,78,80, 90,92,58,63,88,68};
    char *name[N]={"Richard","Ellison","Sunny","Candy","Alice",
                    "Tina","Charles","Danny","Parish","Tom"};
    STREC *h,*highest;
    h=creat(score,name); /*建立链表*/
    outlist(h); /*输出链表*/
    highest=fun(h); /*找到最高分的学生*/
    printf("\nthe highest is:%.2f,%s\n",highest->score,highest->name);
    return 0;
}
```

【练习 4】　在【练习 3】的基础上修改函数 creat，使得产生的链表结点按学生名字的字典顺序排列。

第 9 章　文　件

9.1　基本知识

9.1.1　文件的概念

文件是一个具有名字的一组相关信息的集合，这些信息可以是计算机能表示的任何数值或符号。我们将信息按文件形式进行组织、存储和管理。文件一般有两种数据编码方式：二进制编码文件和字符编码文件（如 ASCII 码文件）。

9.1.2　文件访问

一、文件指针

程序在进行文件访问时，需要获知一些必须的文件信息，例如，文件在存储中的位置、文件的读写状态、是否出错或到达文件尾等。stdio.h 中定义了包含文件信息的结构 FILE。文件指针用于指向这样的结构。

声明文件指针的基本方式：

FILE *fp;

fp 是一个指向结构 FILE 的指针。

注意，FILE 是通过 typedef 定义的类型名，不是结构标记。

二、文件的打开与关闭

1.文件打开

使用库函数 fopen 打开文件，函数返回一个文件指针，利用该指针可以对文件进行读写操作。fopen 函数：

FILE *fopen(filename, mode)

fopen 的两个参数分别为文件名和访问模式，都是字符串。访问模式参见表 9-1。

2.文件关闭

文件的读写操作结束后，我们需要断开外部与文件内部信息之间的"联系"，与函数 fopen 过程相反，我们使用库函数 fclose 关闭文件，函数释放对应的文件指针和缓冲区。fclose 函数：

int fclose(FILE *fp)

表 9–1

访问模式	文本文件	二进制文件
打开文件用于读，若文件不存在，出错	"r"	"rb"
创建文件用于写，并删除已存在的内容	"w"	"wb"
打开或创建文件，并向文件末尾追加内容	"a"	"ab"
打开文件用于读和写，若文件不存在，出错	"r+"	"rb+"
创建文件用于读和写，并删除已存在的内容	"w+"	"wb+"
打开或创建文件用于读和写，写文件时追加到文件末尾	"a+"	"ab+"

9.1.3　文件读写

文件打开后，我们可以使用标准库 stdio.h 中提供的函数对文件进行读写，见表 9–2。

表 9–2

函数形式	函数功能
int fgetc(fp)	返回从 fp 指向文件中读取的一个字符，到达文件末尾或出错时返回 EOF
int fputc(c,fp)	向 fp 指向的文件中写入字符 c，返回写入的字符，出错时返回 EOF
char *fgets(s,n,fp)	从 fp 指向的文件中将最多 n-1 个字符读入到数组 s 中；遇'\n'时读取终止，并将'\n'读入 s；函数返回数组 s，s 以'\0'结尾，遇到文件末尾或发生错误，返回 NULL
int fputs(s,fp)	把字符串 s 写入到 fp 指向的文件中，返回非负数，出错时返回 EOF
size_t fread(ptr,size,n,fp)	从 fp 指向的文件中读取 n 个长度为 size 的对象，并保存到 ptr 指向的区域；返回读取的对象数目，该值可能小于 n
size_t fwrite(ptr,size,n,fp)	从 ptr 指向的区域中读取 n 个长度为 size 的对象，写入 fp 指向的文件中；返回输出的对象数目，出错时，该值会小于 n
int fscanf(fp,F,...)	根据格式 F 从 fp 指向的文件中读取输入，将转换后的值赋值给后续的各个参数，各参数必须为指针；返回实际被转换、赋值的输入项的数目，到达文件末尾或出错时返回 EOF
int fprintf(fp,F,...)	根据格式 F 向 fp 指向的文件写入输出项目；返回值为写入的字符数，出错时返回负数

9.1.4　文件定位

在刚打开文件时，文件指针总是指向文件开头处，之后随着读写操作的进行，文件指针向后移动。stdio.h 中提供了两个库函数 rewind 和 fseek，用于移动指针回到文件的头部或某个指定的位置，用法见表 9-3。

表 9-3

函数形式	函数功能
int fseek(fp,offset,origin)	设置 fp 的文件位置，后续的读写操作从新位置开始；对于二进制文件，该位置被设置为从 origin 开始的第 offset 个字符处，origin 的值可以为 SEEK_SET（文件开始）、SEEK_CUR（当前位置）、SEEK_END（文件结束处）；对于文本流，offset 必须设置为 0，或者是库函数 ftell 返回的值（origin 此时的值必须为 SEEK_SET）；fseek 函数出错时返回非 0 值
void rewind(fp)	将 fp 移至文件头

9.2　例程分析

【例 9-1】字符输入、输出，函数 fgetc 和函数 fputc 的使用。

```
#include <stdio.h>
int main()
{
    FILE *fpr,*fpw;
    char c;
    fpr=fopen("inE1_c9.txt","r");
    fpw=fopen("outE1_c9.txt","w");
    while((c=fgetc(fpr))!=EOF)
        fputc(c,fpw);
    fclose(fpr);
    fclose(fpw);
    return 0;
}
```

文件 inE1_c9.txt 的内容如下：

A C program, whatever its size, consists of functions and variables.

例程解释：

（1）fpr 和 fpw 分别用作读、写文件的指针。

（2）fpr=fopen("inE1_c9.txt","r")，参考表 9-1，以只读方式打开源程序路径下的文件 inE1_c9.txt，并返回相应的文件指针。

（3）(c=fgetc(fpr))!=EOF，从 fpr 指向的文件中读取一个字符赋值给 c，测试 c 与 EOF 的不相等关系是否成立（即是否遇到文件末尾）。

（4）在 while 循环体内将 c 写入到 fpw 指向的文件中。

（5）关闭已打开的两个文件。

【例 9-2】字符串输入函数 fgets 和输出函数 fputs 的使用。

```c
#include <stdio.h>
int main()
{
    FILE *fpr,*fpw;
    char s[50];
    fpr=fopen("inE2_c9.txt","r");
    fpw=fopen("outE2_c9.txt","w");
    while((fgets(s,50,fpr))!=NULL)
        fputs(s,fpw);
    fclose(fpr);
    fclose(fpw);
    return 0;
}
```

文件 inE2_c9.txt 的内容如下：

Complete your program in the following steps:
Create the program text somewhere.
Compile it successfully.
Load it, run it.
Find out where your output went.

例程解释：

（1）分别以"r"和"w"方式打开源程序路径下的文件 inE2_c9.txt 和 outE2_c9.txt。

（2）(fgets(s,50,fpr))!=NULL，将最多 49 个字符从 fpr 指向的文件中读取到数组 s 中，遇'\n'时读取终止，并将'\n'读入 s，s 以'\0'结尾。函数返回 s，遇到文件末尾返回 NULL。

（3）只要没有遇到 fpr 指向的文件末尾，便将读取的字符串写入 fpw 指向的文件中。这里，对字符串的读写进行了 5 次，每次读写一行内容。

【例 9-3】文件定位以及 fread、fwrite 函数的使用。阅读并运行以下程序，分析结果。

```c
#include <stdio.h>
int main()
{
    int len;
    char s1[]="abcdefghigklmnopqrstuvwxyz",s2[80];
    FILE *fp;
    fp=fopen("E3_c9.dat","wb+");
    len=sizeof(s1);
```

```
fwrite(s1,len,1,fp);
rewind(fp);
fread(s2,len,1,fp);
printf("all=%s\n",s2);
fseek(fp,0L,SEEK_SET);
printf("seek1 c=%c\n",fgetc(fp));
fseek(fp,12L,SEEK_CUR);
printf("seek2 c=%c\n",fgetc(fp));
fseek(fp,-3L,SEEK_END);
printf("seek3 c=%c\n",fgetc(fp));
fclose(fp);
return 0;
}
```

运行结果如图 9-1 所示：

```
all=abcdefghigklmnopqrstuvwxyz
seek1 c=a
seek2 c=n
seek3 c=y
```

图 9-1

例程解释：

（1）fp=fopen("E3_c9.dat","wb+")，以"wb+"方式打开文件，在源程序路径下创建文件 E3_c9.dat 用于读和写，并删除已存在的内容，fopen 返回文件指针并赋值给 fp。

（2）fwrite(s1,len,1,fp)，从 s1 中读取 1 个长度为 len 的对象，写入 fp 指向的文件中。

（3）rewind(fp)，fp 移至文件头。

（4）fread(s2,len,1,fp)，从 fp 指向的文件中读取 1 个长度为 len 的对象，并保存到 s2 指向的区域（即数组 s2 中）。

（5）fseek(fp,0L, SEEK_SET)，将 fp 设置到从文件头开始的第 0 字符处。

（6）printf("seek1 c=%c\n",fgetc(fp))，从 fp 指向的位置处读取一个字符，输出到用户屏。

（7）fseek(fp,-3L,SEEK_END)，将 fp 设置到从文件末尾开始向回退的第 3 字符处。注意，这里的字符串末尾有一个没有显示出的'\0'，如图 9-2 所示。

```
···   x   y   z   \0   EOF
                  SEEK_END
```

图 9-2

【例 9-4】fscanf 与 fprintf 函数的使用。企业员工的资料包括工号、名字和每小时薪酬，我们定义结构 PayRecord 来表示。以下程序从 payrecord.txt 中读出若干条员工记录，调用函数 topRate 来获得薪酬最高的员工资料，并将该员工的资料输出到用户屏和文件 payrecord.txt 的末尾。

payrecord.txt 文件的内容如下：

```
479 Davies,B. 6.72
623 Lewis,P. 7.54
145 Robinson,S. 9.56
987 Evans,T. 5.43
203 Williams,K. 8.72
```

源程序：
```
#include <stdio.h>
#include <string.h>
#define NUMRECS 50
struct PayRecord
{
    int idNum;
    char name[20];
    float payRate;
};
struct PayRecord *topRate(struct PayRecord *,int);

int main()
{
    struct PayRecord employee[NUMRECS]; /*定义结构数组来记录所有员工资料*/
    struct PayRecord *p=employee;
    int n=0;
    /*定义 idNum,name,payRate 保存临时读出的一条员工资料*/
    int idNum;
    char name[20];
    float payRate;

    FILE *fp;
    fp=fopen("payrecord.txt","a+");

    /*从文件 payrecord.txt 中读出员工资料，赋值给 employee 中的元素*/
    while((fscanf(fp," %d%s%f ",&idNum,name,&payRate))!=EOF)
```

```
    {
        p->idNum=idNum;
        strcpy(p->name,name);
        p->payRate=payRate;
        printf("record %d: %-5d%-12s%-5.2f \n",n+1,p->idNum,p->name,p->payRate);
        p++;n++;
    }
    p=topRate(employee,n); /*调用函数 topRate ，获得薪酬最高的员工的资料*/
    printf("the top of our group is: %-5d%-12s%-5.2f \n",p->idNum, p ->name, p->payRate);
    fprintf(fp,"\nthe top of our group is: %-5d%-12s%-5.2f \n",p->idNum, p->name,
p->payRate);
    fclose(fp);
    return 0;
}


struct PayRecord *topRate(struct PayRecord *employee,int n)
{
    struct PayRecord *pt,*toppt;
    pt=toppt=employee;
    while(pt<employee+n)
    {
        if(toppt->payRate < pt->payRate)
            toppt=pt;
        pt++;
    }
    return toppt;
}
```

输出结果如图 9-3 所示：

```
record 1: 479   Davies,B.      6.72
record 2: 623   Lewis,P.       7.54
record 3: 145   Robinson,S.    9.56
record 4: 987   Evans,T.       5.43
record 5: 203   Williams,K.    8.72
the top of our group is: 145   Robinson,S.  9.56
```

图 9-3

例程解释：

（1）fopen("payrecord.txt","a+")，打开或创建文件用于读和写，写文件时追加到文件末尾。

（2）fscanf(fp,"%d%s%f",&idNum,name,&payRate)，从 fp 指向的数据位置按照格式 "%d %s %f"读取数据，即整数、字符串、浮点数；之后将每个格式对应的数据依次保存到各指针指向的区域，即&idNum、name、&payrate 指向的位置；函数返回实际被转换、赋值的输入项的数目，到达文件末尾时返回 EOF。

（3）fprintf(fp,"…%-5d%-12s%-5.2f \n",p->idNum,p->name,p->payRate)，根据格式"…%-5d%-12s%-5.2f \n"向 fp 指向的位置写入输出项目，格式中非格式说明部分的字符原样输出。格式说明中诸如%-5d 表示以十进制整数格式输出、至少 5 个字符宽、左对齐。

9.3 实验内容

【内容 1】

（1）运行【例 9-1】，观察并分析结果。

（2）对【例 9-1】使用追加方式打开 outE1_c9.txt，在 while 循环结束后调用 rewind 函数将 fpr 移至文件头，然后重复之前的读写操作，运行程序并观察结果。

（3）使用函数 fseek 完成函数 rewind 的功能。

【内容 2】

文件 essay.txt 内容如下：

C is a general-purpose programming language which features economy of expression, modern control flow and data structures, and a rich set of operators.

C is not a "very high level" language, nor a "big" one, and is not specialized to any particular area of application.

But its absence of restrictions and its generality make it more convenient and effective for many tasks than supposedly more powerful languages.

编写程序读取文件 essay.txt 的内容，并统计字符总数目，将统计结果输出至用户屏。

【内容 3】

在【例 9-2】的基础上修改程序，读出文件 inE2_c9.txt 的内容并写入 outE2_c9.txt，同时将小写字符转换成大写字符。

【内容 4】

运行【例 9-3】，观察并分析结果。尝试改变函数 fseek 的参数，观察结果。

【内容 5】

企业员工的资料包括员工工号、名字、性别（m 或 f）、每小时薪酬，可以定义如下：

```
int idNum;
char name[20];
```

```
char sex;
float payRate;
```

编写程序：

（1）键盘读入若干员工资料，并写入文件 payrecord.txt。

（2）编写函数 void outSTAFF(char *filename)，用于向用户屏输出 payrecord.txt 的内容。

附录 A   ASCII 对照表

ASCII 值	控制字符	意义	ASCII 值	字符	ASCII 值	字符	ASCII 值	字符
000	NUL	null	032	space	064	@	096	`
001	SOH	标题开始	033	!	065	A	097	a
002	STX	正文开始	034	"	066	B	098	b
003	ETX	正文结束	035	#	067	C	099	c
004	EOT	传输结束	036	$	068	D	100	d
005	ENQ	请求	037	%	069	E	101	e
006	ACK	肯定应答	038	&	070	F	102	f
007	BEL	响铃	039	'	071	G	103	g
008	BS	退格	040	(	072	H	104	h
009	HT	横向制表	041	)	073	I	105	i
010	LF	换行	042	*	074	J	106	j
011	VT	纵向制表	043	+	075	K	107	k
012	FF	换页	044	,	076	L	108	l
013	CR	归位	045	-	077	M	109	m
014	SO	shift out	046	.	078	N	110	n
015	SI	shift in	047	/	079	O	111	o
016	DLE	跳出数据通讯	048	0	080	P	112	p
017	DC1	设备控制 1	049	1	081	Q	113	q
018	DC2	设备控制 2	050	2	082	R	114	r
019	DC3	设备控制 3	051	3	083	S	115	s
020	DC4	设备控制 4	052	4	084	T	116	t
021	NAK	否定应答	053	5	085	U	117	u
022	SYN	同步空闲	054	6	086	V	118	v
023	ETB	传输块结束	055	7	087	W	119	w
024	CAN	取消	056	8	088	X	120	x
025	EM	介质结束	057	9	089	Y	121	y
026	SUB	替代	058	:	090	Z	122	z
027	ESC	溢出	059	;	091	[	123	{
028	FS	文件分隔符	060	<	092	\	124		
029	GS	组群分隔符	061	=	093	]	125	}
030	RS	记录分隔符	062	>	094	^	126	~
031	US	单元分隔符	063	?	095	_	127	DEL

附录 B   实验参考程序

第 1 章   入门——简单 C 语言程序的实现

1.4.1   基本实验

【内容 1】略

【内容 2】
```c
#include <stdio.h>
main()
{
    printf("=========================================================\n");
    printf("     Name          Li Xiaohua\n");
    printf("     Sex           F\n");
    printf("     Student NO.   2018056416\n");
    printf("     Department    Department of Mathematics\n");
    printf("     Source        Quanzhou, Fujian province\n");
    printf("=========================================================\n");
    system(" pause");
}
```

1.4.3   综合与拓展

【练习 1】
```c
#include <stdio.h>
main()
{
    printf("+---+---+\n");/*打印+-*/
    printf("|   |   |\n");/*打印|及空格*/
    printf("+---+---+\n");/*打印+-*/
    printf("|   |   |\n");/*打印|及空格*/
    printf("+---+---+\n"); /*打印+-*/
}
```

【练习 2】
```c
#include <stdio.h>
main()
{
    printf("      *      \n");
    printf("     * *     \n");
    printf("    *****    \n");
    printf("   *     *   \n");
    printf("  *       *  \n");
}
```

第 2 章　数据类型、运算符和表达式

2.3.1　基本实验

【内容 1】略

【内容 2】

```c
#include <stdio.h>
#include <math.h>
#define PI 3.14159
main()
{
    float x=PI/6;
    printf("%f\n",x-pow(x,3)/2/3+pow(x,5)/2/3/4/5);
}
```

【内容 3】

输出：b,b

2.3.3　综合与拓展

【练习 1】

```c
#include <stdio.h>
#define PI 3.14159
int main()
{
    float r,area;/*声明圆的半径与面积*/
    printf("please input the radius(press Enter key to end): \n");
    scanf("%f",&r);
    area=PI*r*r;
    printf("%6.2f\n",area);

    float base_side,height;/*声明三角形底边和高*/
    printf("please input the base_side and the height(seperated by space,press Enter
key to end): \n");
    scanf("%f%f",&base_side,&height);
    area=1.0/2.0*base_side*height;
    printf("%6.2f\n",area);
    return 0;
}
```

【练习 2】

```c
flag=!((sbp>90&&sbp<140)||(dbp>60&&dbp<90));
```

【练习 3】

```c
/*print leap year */
#include <stdio.h>
int main()
{
    int year,leap;
    printf("Please enter year:****\n");
    scanf("%d",&year);
    leap=(year%4==0 && year%100!=0 || year%400==0);
    printf("leap=%d\n",leap);
    return 0;
}
```

运行结果如下图所示:

```
Please enter year:****
2019
leap=0
```

【练习 4】

```c
#include <stdio.h>
#include <math.h>
#define PI 3.14159
main()
{
    float x,a,b;
    float temp;
    x=PI/4;a=2;b=1;
    printf("x=PI/4, a=2, b=1\n");
    printf("%-6.2f\n",sin(x)*sin(x)*(a+b)/(a-b));
}
```

【练习 5】

```c
#include <stdio.h>
#include <math.h>
main()
{
    float x,y;
    for(x=3;x<=6;x=x+1)
    {
        y=10*pow(x,2.0)+3*x-2;
        printf("x=%3.0f\ty=%6.2f\n",x,y);
    }
}
```

第 3 章　选择结构

3.3.1　基本实验

【内容 1】略

【内容 2】
```c
#include <stdio.h>
int main()
{
    float x,y;
    y=0;
    printf("Please input a real number,end with Enter key:");
    scanf("%f",&x);
    if(x<0)
        y=-1;
    else if(x>0)
        y=1;
    else
        y=0;
    printf("x=%.2f,y=%.0f\n",x,y);
    return 0;
}
```

【内容 3】
（1）
```c
#include <stdio.h>
main()
{
    float x,max;
    scanf("%f",&x);
    max=x;
    while(x!=0)
    {
        if(x>max)
            max=x;
        scanf("%f",&x);
    }
    printf("max=%.2f\n",max);
}
```
（2）
```c
#include <stdio.h>
main()
{
    float x,max,min;
    scanf("%f",&x);
    max=min=x;
    while(x!=0)
```

```
        {
            if(x>max)
                max=x;
            else if(x<min)
                min=x;
            scanf("%f",&x);
        }
        printf("max=%.2f    min=%.2f\n",max,min);
}
```

【内容 4】
```
#include <stdio.h>
#include <stdlib.h>
main()
{
    int i,c,ndigit,nwhite,nother;
    /*将数字字符、空白字符、其他字符的计数器初始化为 0*/
    ndigit=nwhite=nother=0;
    while((c=getchar())!=EOF)
        switch(c)
        {
            case '0':case '1':case '2':case '3':case '4':
            case '5':case '6':case '7':case '8':case '9':++ndigit;break;
            case ' ':case '\n':case '\t':++nwhite;break;
            default: ++nother;break;
        }
    printf("digit=%d, white space=%d, other= %d\n",ndigit,nwhite,nother);
    system("pause");
}
```

3.3.3　综合与拓展

【练习 1】x 的值为 0。
解析：
　　if(!n) x-=1;，n 的值为 0，即逻辑假，!n 为真，x 自减 1 后值为 1。
　　if(m) x-=2;，m 的值为 1，即逻辑真， x 自减 2 后值为-1。
　　if(x) x++;，x 的值为-1，非 0 即逻辑真，x 自增 1 为 0。

【练习 2】x>0&&x<y

【练习 3】输出：afternoon tea
　　解析：switch 各分支的末尾都没有 break，一旦从某个分支进入，便会执行之后的所有语句。n++，自增号在变量后面，先取变量的值，选择分支，之后令 n 增值。

【练习 4】x1=2,x2=1

解析：n1 的值为 1，执行外层 switch 的 case 1 分支，于是进入内层 switch，n2 的值为 0，执行 case 0，遇到 break 跳出内层 switch。注意到外层 switch 的 case 1 分支末尾并无 break 语句，因此，这里继续执行 case 2 分支的语句。

【练习 5】

```c
#include <stdio.h>
main()
{
    char goodman;
    for(goodman='A';goodman<='D';goodman++)
        if((goodman!='A')+(goodman=='C')+(goodman=='D')+(goodman!='D')==3)
        {
            printf("goodman is %c\n",goodman); break;
        }
}
```

做好事的人是 C。

第 4 章　循环结构

4.3.1　基本实验

【内容 1】略

【内容 2】

```c
#include <stdio.h>
main()
{
    int i,j;

    for(i=0;i<6;++i){
        for(j=0;j<=i;++j)
            putchar('*');
        putchar('\n');
    }
    putchar('\n');
}
```

【内容 3】

（1）求 5！

```c
#include <stdio.h>
main()
{
    int i,p;
```

```
        for(i=p=1;i<6;++i){
            p*=i;
        }
        printf("%d\n",p);
}
```

（2）求 1!+2!+3!+…+10！

```
#include <stdio.h>
main()
{
    long i,j,p,s;
    for(s=0,i=1;i<10;++i){
        for(j=p=1;j<=i;++j)
            p*=j;
        s+=p;
        printf("p=%ld!=%ld,s=%ld\n",i,p,s);
    }
}
```

【内容4】

运行结果如下图所示：

4.3.3　综合与拓展

【练习1】

程序段 1、2、3 是死循环。

【练习2】

```
#include <stdio.h>
#include <stdlib.h>
#include <math.h>
main()
```

```c
{
    float a,b,c,fa,fc,eps;
    scanf("%f%f%f",&a,&b,&eps);
    c=(a+b)/2.0;
    while(fabs(b-a)>eps)
    {
        fa=pow(a,3)-pow(a,2)-1;
        fc=pow(c,3)-pow(c,2)-1;
        if(fa*fc<0)
            b=c;
        else if(fa*fc>0)
            a=c;
        else
            break;
        c=(a+b)/2.0;
        printf("\na=%f, b=%f, c=%f\n",a,b,c);
    }
    printf("root is:x=%.2f",c);
}
```

运行结果如下图所示：

```
0 3 0.00001

a=0.000000,  b=1.500000,  c=0.750000

a=0.750000,  b=1.500000,  c=1.125000

a=1.125000,  b=1.500000,  c=1.312500

a=1.312500,  b=1.500000,  c=1.406250

a=1.406250,  b=1.500000,  c=1.453125

a=1.453125,  b=1.500000,  c=1.476563

a=1.453125,  b=1.476563,  c=1.464844

a=1.464844,  b=1.476563,  c=1.470703

a=1.464844,  b=1.470703,  c=1.467773

a=1.464844,  b=1.467773,  c=1.466309

a=1.464844,  b=1.466309,  c=1.465576

a=1.464844,  b=1.465576,  c=1.465210

a=1.465210,  b=1.465576,  c=1.465393
```

```
a=1.465393,  b=1.465576,  c=1.465485
a=1.465485,  b=1.465576,  c=1.465530
a=1.465530,  b=1.465576,  c=1.465553
a=1.465553,  b=1.465576,  c=1.465565
a=1.465565,  b=1.465576,  c=1.465570
a=1.465570,  b=1.465576,  c=1.465573
root is:x=1.47
```

第 5 章 函 数

5.3.1 基本实验

【内容 1】略

【内容 2】
```c
#include <stdio.h>
void add_multi_divi(float fnum,float snum)
{
    int opselect;
    printf("Enter a select code");
    printf("\n 1 for addition");
    printf("\n 2 for multiplication");
    printf("\n 3 for division:");
    scanf("%d",&opselect);

    switch(opselect)
    {
        case 1:printf("The sum of the numbers entered is %6.3f\n",fnum+snum);
            break;
        case 2:printf("The product of the numbers entered is %6.3f\n", fnum*snum);
            break;
        case 3:
            if(snum!=0.0)
                printf("The first number divided by the second is %6.3f\n",
fnum/snum);
            else
                printf("Division by zero is not allowed\n");
            break;/*this break is optional*/
    }
    return;
}
```

```
int main()
{
    float fnum,snum;
    puts("Please type in two numbers:");
    scanf("%f%f",&fnum,&snum);
    add_multi_divi(fnum,snum);
    return 0;
}
```
运行结果如下图所示：

```
Please type in two numbers:
3.6 1.2
Enter a select code
 1 for addition
 2 for multiplication
 3 for division:3
The first number divided by the second is  3.000
```

【内容 3】
```
#include <stdio.h>
long sum(int n);
int main()
{
    int num;
    printf("Please enter num,num<500:");
    scanf("%d",&num);
    if(num<500)
        printf("sum=%ld\n",sum(num));
    else printf("your num>=500,please run again\n");
    return 0;
}
long sum(int n)
{
    long s=0;
    while(n>0)
    {
        if(n%2==0)
            s+=n;
        n--;
    }
    return s;
}
```

【内容 4】
```
#include <stdio.h>
long factorial(int n);
long f(int n);
int main()
{
    int x;
```

```
        printf("Please enter an integer:1~50:\n");
        scanf("%d",&x);
        printf("sigma%d!=%ld",x,f(x));
        return 0;
}
long factorial(int n)
{
        long f=1;
        while(n){
                f*=n;
                n--;}
        return f;
}
long f(int n)
{
        long s=0;
        while(n>0){
                s+=factorial(n);
                n--;}
        return s;
}
```

【内容 5】

```
#include <stdio.h>
char upper(char character);
int main()
{
        int c;
        while((c=getchar())!=EOF)
                putchar(upper(c));
        return 0;
}
char upper(char character)
{
        if(character>='a' && character<='z')
                character-=('a'-'A');
        return character;
}
```

运行结果如下图所示:

【内容 6】

```c
/*print leap year table */
#include <stdio.h>
#define LOWER 1900
#define UPPER 2000
int leap(int y);
int main()
{
    int year;
    year=LOWER;
    while(year<=UPPER){
        if(leap(year)==1)
            printf("%d\n",year);
        year++;
    }
    return 0;
}
int leap(int y)
{
    /*年份能被 4 整除但不能被 100 整除；
    或者年份能被 400 整除*/
    if(y%4==0&&y%100!=0 || y%400==0)
        return 1;
    else
        return 0;
}
```

【内容 7】

将宏替换的实际参数代入后有：

f(3+3)/f(2+2)=3+3*3+3/2+2*2+2=19，注意 3/2=1。

【内容 8】D）正确。

5.3.3　综合与拓展

【练习 1】

```c
#include <stdio.h>
#include <math.h>
/*Sum of Series*/
double fun(int n)
{
    double sum=0; int i=1;
    while(i<=n)
    {
        sum=sum+pow(1.0/2.0 , i++);
        printf("\t%.9f\n",sum);
    }
}
```

```
int main()
{
    int h_power , n;
    float sum=0.0;
    printf("\n        please input the highest power:");
    scanf("%d",&h_power);
    puts("\n        the result is:        ");
    fun(h_power);
    return 0;
}
```

运行结果如下图所示：

```
please input the highest power:7

the result is:
        0.500000000
        0.750000000
        0.875000000
        0.937500000
        0.968750000
        0.984375000
        0.992187500
```

【练习2】

```c
#include <stdio.h>
#include <math.h>
#define EPS 1.0e-5
double newton_root(double a,double b,double c,double d,double x,double eps)
{
    double x1,x2=x,f,df;
    do
    {
        x1=x2;
        f=a*x1*x1*x1+b*x1*x1+c*x1+d;
        df=a*3*x1*x1+b*2*x1+c;
        x2=x1-f/df;
    }while(fabs(x2-x1)>=eps);
    printf("x2-x1=%lf\n",x2-x1);
    return x1;
}
int main()
{
    double f,x;
    double a,b,c,d;
    a=3;b=5;c=6;d=-7;x=1.5;
    x=newton_root(a,b,c,d,x,EPS);
    f=a*x*x*x+b*x*x+c*x-7;
    printf("f=%lf\n",f);
    printf("x=%lf\n",x);
    return 0;
}
```

【练习3】
```
/*file1_ad3_c5.c*/
#include <stdio.h>
#include "file2_ad3_c5.c"
```

```
static int x=2;
int y;
```
外部变量定义

```
extern void add2();
void add1();
```
函数声明

```
void main()
{
    add1();add2();add1();add2();
    printf("x=%d,y=%d\n",x,y);
}
```

```
void add1()
{
    x+=2;y+=2;
    printf("in add1 x=%d    y=%d\n",x,y);
}
```
函数定义

```
 /*file2_ad3_c5.c*/
void add2()
{
    static int x=10; /*静态内部变量*/
    extern int y;
    x+=10;
    y+=2;
    printf("in add2 x=%d    y=%d\n",x,y);
}
```
外部变量声明

（1）函数声明可以声明函数的作用域从声明处开始至本文件结束。

（2）在 file1_ad3_c5.c 中定义了两个外部变量：

　　　static int x=2;

　　　int y;

　　　从定义处至本文件末尾可以使用它们。

　　　在 file2_ad3_c5.c 中，定义了 1 个内部静态变量：

　　　static int x=10;

　　　它的作用域在函数 add2 中。

　　　在 file2_ad3_c5.c 中，声明了 1 个外部变量：

　　　extern int y;

　　　它在 file1_ad3_c5.c 中被定义，其作用域被扩展至函数 add2。

（3）外部变量的定义为外部变量分配存储，声明不涉及存储分配，只用于作用域的扩展。外部变量的定义只能有一次，声明可以有多次。

（4）程序运行结果如下图所示：

```
in add1  x=4    y=2
in add2  x=20   y=4
in add1  x=6    y=6
in add2  x=30   y=8
x=6, y=8
```

注意，在函数 add2 中，内部变量名 x 会屏蔽外部变量名 x。内部静态变量的存储空间从定义时一直到程序运行结束都存在，不随函数的进入和退出而产生和消失，并且只被初始化一次。

【练习4】
```c
#include <stdio.h>
void printb(unsigned n)
{
    if(n!=0)
    {
        printb(n/2);
        printf("%c",n%2+'0');
    }
}
int main()
{
    printb(46);
    return 0;
}
```
运行结果：101110

【练习5】
```c
#include <stdio.h>
long factorial(int n)
{
    static long f=1;
    if(n){
        f*=n;
        factorial(--n);
    }
    return f;
}
int main()
{
    printf("%d\n",factorial(5));
    return 0;
}
```

第 6 章　数　组

6.3.1　基本实验

【内容 1】略

【内容 2】正确定义为：D）F）G）I）

【内容 3】正确定义为：D）E）F）G）

【内容 4】
```c
#include <stdio.h>
#define N 10
main()
{
    float data[N];int i=0;
    int max,min;
    int k,l;
    /*输入数组元素*/
    printf("\n please input datas,10 integers:");
    while(i<N)
    {
        scanf("%f",&data[i]); ++i;
    }
    /*获得最大值、最小值及相应元素的下标*/
    max=min=data[0];
    k=l=0;
    for(i=0;i<N;++i){
        if(max<data[i])
        {
            max=data[i];
            k=i;
        }
        if(min>data[i])
        {
            min=data[i];
            l=i;
        }
    }
    printf(" max=data[%d]=%d\n",k,max);
    printf(" min=data[%d]=%d\n",l,min);
}
```
运行结果如下图所示：

```
please input datas,10 integers:22 4 7 9 56 74 16 5 3 33
max=data[5]=74
min=data[8]=3
```

【内容 5】
```c
#include <stdio.h>
int main()
{
    long a[][3]={1,2,3,4,5,6},b[3][2];
    long i,j;
    printf("\n array a:\n");
    for(i=0;i<2;i++){
        for(j=0;j<3;j++)
            b[j][i]=a[i][j],printf(" %ld",a[i][j]);
        printf("\n");    }
    printf("\n array b:\n");
    for(i=0;i<3;i++){
        for(j=0;j<2;j++)
            printf(" %ld",b[i][j]);
        printf("\n");    }
    return 0;
}
```
运行结果如下图所示：

```
array a:
1 2 3
4 5 6

array b:
1 4
2 5
3 6
```

【内容 6】
```c
#include <stdio.h>
#define MAXLINE 50
int s_lenth(char s[])
{
    int n=0;
    while(s[n]) n++;
    return n;
}
void reverse(char s[])
{
    int c, i, j;
    for (i=0, j=s_lenth(s)-1; i<j; i++, j--)
    {
        c=s[i];
        s[i]=s[j];
        s[j]=c;
    }
}
```

```
int main()
{
    char line[MAXLINE];
    printf("\n please input your string:");
    scanf("%s",line);
    reverse(line);
    printf(" after reverse: %s\n",line);
    return 0;
}
```
运行结果如下图所示：

```
please input your string:water
after reverse: retaw
```

【内容 7】
```
#include <stdio.h>
#define MAXLINE 50
int s_comp(char s[],char t[])
{
    int i=0;
    while(s[i]==t[i]&&s[i]!='\0')
        i++;
    return s[i]-t[i];
}
int main()
{
    char line1[MAXLINE],line2[MAXLINE];
    printf("\n please input your strings:\n");
    printf(" line1:");
    scanf("%s",line1);
    printf(" line2:");
    scanf("%s",line2);
    printf(" line1-line2=%d\n",s_comp(line1,line2));
    return 0;
}
```
运行结果如下图所示：

```
please input your strings:
line1:flowers
line2:flexible
line1-line2=10
```

6.3.3 综合与拓展

【练习 1】

（1）略

（2）如下：

```c
#include <stdio.h>
#define MAXLEN 100
int getline(char s[], int lim)
{
    int c,i;
    for(i=0; i<lim-2 && (c=getchar())!='\n';++i)
        s[i]=c;
    s[i]='\n';
    ++i;
    s[i]='\0';
    return i;
}
int main()
{
    int len;
    char line[MAXLEN];
    len=getline(line,MAXLEN);
    printf("\n len=%d",len);
    return 0;
}
```

运行结果如下图所示：

```
2019-08-12

len=11
```

【练习 2】

```c
#include <stdio.h>
#define N 50
int main()
{
    char s[N],t[N];
    int i,j;
    printf("\n Please input your string:");
    scanf("%s",s);
    for(i=j=0;s[i]!='\0';++i)
        if(s[i]>='0'&&s[i]<='9')
        {
            t[j]=s[i];
            ++j;
        }
    t[j]='\0';
    printf(" %s",t);
    return 0;        }
```

运行结果如下图所示：

```
Please input your string:aabb359stm210
359210
```

【练习 3】
```c
#include <stdio.h>
#define N 10
int a2i(char s[])
{
    int i,n;
    n=0;
    for(i=0; s[i]>='0' && s[i]<='9'; ++i)
        n=10*n+(s[i]-'0');
    return n;
}
int main()
{
    char str[]="256";
    printf("\n a2i:%d",a2i(str));
    return 0;
}
```

【练习 4】
```c
#include <stdio.h>
void squeeze(char s[],char c)
{
    int i,j;
    for(i=j=0;s[i]!='\0';i++)
        if(s[i]!=c)
                s[j++]=s[i];
    s[j]='\0';
}
int main()
{
    char str[50],c;
    puts("please input your string:");
    gets(str);
    puts("please input the character to be deleted:");
    scanf("%c",&c);
    squeeze(str,c);
    puts(str);
    return 0;
}
```
运行结果如下图所示：

【练习 5】

```
#include <stdio.h>
#define N 10
void search(char table[][20],int n,char s[]);
int main()
{
    char name[N][20]={"Wangfang","Lilan","Zhouhan","Yaoming","Lihongzhi",
                      "Guanmang","Gudongzhao","Fanzhibin","Fanglin","Zhonglele"};
    char stu[20];
    puts("please input student name:");
    gets(stu);
    search(name,N,stu);
    return 0;
}
void search(char table[][20],int n,char s[])
{
    int i,j;
    for(i=0;i<n;i++){
        for(j=0;s[j]==table[i][j]&&table[i][j]!='\0';j++)
            ;
        if(s[j]=='\0')
        {
            printf("name[%d]=%s\n",i,s);
            return;
        }
    }
    printf("there is no one by that name here\n");
    return;
}
```

运行结果如下图所示：

第 7 章 指 针

7.3.1 基本实验

【内容 1】略

【内容 2】D）E）正确。

解析：A）中 p 是 int 类型的指针，不能将整数 1 赋值给它。B）中 q 是指向指针的指针，*q 为 int 类型的指针。同理 C）F）不正确。

【内容 3】

解析：D）不能输出数组。(*pa)++表示取指针 pa 指向的对象如 a[0]，令其自增 1。

【内容 4】

运行结果为：36

解析：程序对 p 赋值 s，令 p 指向字符'3'。执行 printf()，遇表达式*p++，取 p 指向的对象，将字符'3'输出，之后指针 p 向后移动指向'6'；再执行 printf()，遇表达式*p++，输出字符'6'，之后指针 p 向后移动指向字符'9'。

p 和 s 的数据类型是 char *。s[0]和*p 的数据类型是 char。

【内容 5】=*t++

【内容 6】*p>*s

【内容 7】
```c
#include <stdio.h>
#include <string.h>
void reverse(char *s)
{
    char *p=s,*q=s+strlen(s)-1;
    char c;
    while(p<q)
        {c=*p;*p=*q;*q=c;
        p++;q--;}
    return ;
}

int main()
{
    char str[50];
    gets(str);
    reverse(str);
    printf("%s\n",str);
    return 0;
}
```

【内容 8】
```c
#include <stdio.h>
#include <string.h>
```

```c
int s_comp(char *s,char *t)
{
    for ( ; *s == *t; s++, t++)
        if (*s == '\0')
                return 0;
    return *s - *t;
}
int main()
{
    char str1[50],str2[50];
    gets(str1);gets(str2);
    printf("%d\n",s_comp(str1,str2));
    return 0;
}
```

7.3.3　综合与拓展

【练习1】

输出结果为：ABC+-+

解析：

gets(s)后，数组 s 的前 9 个元素为：'A'，'B'，'C'，'\0'，'3'，','，'4'，','，'5'。函数调用 strcat(s,"+-+")，这里以数组 s 中的第一个字符串结束符作为字符串 s 的末尾，将字符串常量"+-+"连接到 s 后，结果为"ABC+-+"。

【练习2】

分别填写：

p1++,p2--

*p1!=*p2

huiwen(str)

【练习3】

```c
#include <stdio.h>
#include <ctype.h>
int getdigit(char *s,char *t)
{
    int i,j;char *pt;pt=t;
    for(;*s!='\0';s++)
        if(isdigit(*s))
            *pt++=*s;
    *pt='\0';
    return (pt-t-1);
}
```

```
int main()
{
    char str[50],digit[50];
    gets(str);
    if(getdigit(str,digit))
        printf("%s",digit);
    return 0;
}
```

【练习 4】
```
#include <stdio.h>
#include <string.h>
#include <stddef.h>
#define N 10

void swap(char *v[], int i, int j);
void writestring(char *wptr[ ], int nstring);
void sort(char *v[],int n);

int main()
{
    char *pstring[N]={"cat","bee","snake","monkey","goat","dog","lion","bird","fish","horse"};
    sort(pstring, N);
    writestring(pstring, N);
    return 0;
}

/* writelines: write strings */
void writestring (char *wptr[ ], int nstring)
{
    int i;
    for(i=0; i<nstring; i++)
        printf("%s\n", wptr[i]);
}

/*pointer array sorting*/
void sort(char *v[],int n)
{
    int i,j,k,temp;
    for(i=0;i<n-1;i++)
    {
        k=i;
        for(j=i+1;j<n;j++)
            if(strcmp(v[k], v[j])>0)
                k=j;/*令下标为 k 的元素指向本轮比较中最小的字符串*/
        swap(v, k, i);
    }
}
```

```
/*swap: interchange v[i] and v[j] */
void swap(char *u[], int i, int j)
{
    char *temp;
    temp =u[i];
    u[i]=u[j];
    u[j]=temp;
}
```

运行结果如下图所示：

```
bee
bird
cat
dog
fish
goat
horse
lion
monkey
snake
```

【练习 5】A）D）是正确的。

【练习 6】
```
#include <stdio.h>
#define N 5
float average(float (*p)[3],int num)
{
    float sum=0.0;int i;
    for(i=0;i<3;++i)
        sum+=*(*(p+num)+i);
    return sum/3;
}
void search_fail(float (*p)[3],int n)
{
    int i,j,flag;
    for(j=0;j<n;j++)
    {
        flag=0;
        for(i=0;i<3;i++)
            if(*(*(p+j)+i)<60) flag=1;
        if(flag==1)
        {
            printf("NO. %d fails,his scores are:",j);
            for(i=0;i<3;i++)
                printf("%9.2f",*(*(p+j)+i));
            putchar('\n');
        }
    }
}
```

```
int main()
{
    float score[N][3]={{88,79,90},{60,55,73},
                        {90,91,88},{75,68,80},
                        {83,89,92}};
    float aver;
    aver=average(score,1);
    printf("average of NO.%d:%5.2f\n",1,aver);
    search_fail(score,N);
    return 0;
}
```

第8章 结 构

8.3.1 基本实验

【内容1】解析：运行程序，输出结构 struct st 和共用体变量 un 的存储单元数目。

【内容2】A）C）D）能够完成。

解析：根据使用结构变量引用结构成员，及指向结构的指针引用结构成员的基本规则，B）不符合。

【内容3】略。

【内容4】输出：1,2。

解析：见以下的程序注释。

```
typedef struct {
    int b,p;
}A;    /*A 为 typedef 声明的类型名，为包含两个 int 成员的结构*/
void f(A c) /*使用类型名 A 声明形参变量 c，c 为结构变量名*/
{
    int j;
    c.b+=1; c.p+=2; /*对 c 的两个成员 b 和 p 分别自增 1 和 2*/
    return;
} /*函数 f 仅处理了其形参变量 c 的两个 int 类型成员，这一过程对主调函数的参数
没有产生影响*/
int main()
{
    A a={1,2};
    /*使用类型名 A 声明结构变量 a，并对其两个成员 b 和 p 依次初始化为 1 和 2*/
    f(a); /*调用函数 f，注意函数 f 不能改变 a 的成员*/
    printf("%d,%d\n",a.b,a.p); /*输出 a 的成员 b 和 p*/
}
```

【内容 5】

（1）
```c
#include <stdio.h>
struct stu{
    int num;
    char name[20];
};
int main()
{
    struct stu    x[5]={1,"LI",2,"ZHAO",3,"WANG",4,"ZHANG",5,"LIU"};
    int i,stu_num;
    printf("please input a student NO.(1~5)：");
    scanf("%d",&stu_num);
    for(i=0;i<5;i++)
        if(stu_num==x[i].num)
        {
            printf(" %d,%s\n",x[i].num,x[i].name);
            return 0;
        }
    printf("No student with NO.%d\n",stu_num);
    return 0;
}
```
运行结果如下图所示：

```
please input a student NO.(1~5)：3
3,WANG
```

（2）
```c
#include <stdio.h>
struct stu{
    int num;
    char name[20];
};

void put_stu(struct stu *p,int n,int num)
{
    int i;
    for(i=0;i<n;i++,p++)
        if(num==p->num)
        {
            printf(" %d,%s\n",p->num,p->name);
            return;
        }
    printf("No student with NO.%d\n",num);
}
```

```
int main()
{
    struct stu x[5]={1,"LI",2,"ZHAO",3,"WANG",4,"ZHANG",5,"LIU"};
    int i,stu_num;
    printf("please input a student NO.(1~5)：");
    scanf("%d",&stu_num);
    put_stu(x,5,stu_num);
    return 0;
}
```
运行结果同（1）。

【内容 6】
（1）
```
#include <stdio.h>
#define NUMRECS 5
struct PayRecord
{
    int idNum;
    char name[20];
    float payRate;
};

int main()
{
    float top;
    struct PayRecord *pt;
    struct PayRecord *toppt;
    struct PayRecord employee[NUMRECS]={
            {479,"Davies,B.",6.72},
            {623,"Lewis,P.",7.54},
            {145,"Robinson,S.",9.56},
            {987,"Evans,T.",5.43},
            {203,"Williams,K.",8.72}
            };
    pt=toppt=employee;
    while(pt<employee+NUMRECS)
    {
        if(toppt->payRate < pt->payRate)
            toppt=pt;
        pt++;
    }
    printf("%d,%s,%f\n",toppt->idNum,toppt->name,toppt->payRate);
    return 0;
}
```
运行结果如下图所示：

```
145, Robinson, S. , 9. 560000
```

（2）

```c
#include <stdio.h>
#define NUMRECS 5
struct PayRecord
{
    int idNum;
    char name[20];
    float payRate;
};

struct PayRecord *topRate(struct PayRecord *,int);
int main()
{
    struct PayRecord *p;
    struct PayRecord employee[NUMRECS]={
            {479,"Davies,B.",6.72},
            {623,"Lewis,P.",7.54},
            {145,"Robinson,S.",9.56},
            {987,"Evans,T.",5.43},
            {203,"Williams,K.",8.72}
            };
    p=topRate(employee,NUMRECS);
    printf("the top of our group is: %d    %10s    %5.2f\n",p->idNum,p->name,p->payRate);
    return 0;
}

struct PayRecord *topRate(struct PayRecord *employee,int n)
{
    struct PayRecord *pt,*toppt;
    pt=toppt=employee;
    while(pt<employee+n)
    {
        if(toppt->payRate < pt->payRate)
            toppt=pt;
        pt++;
    }
    return toppt;
}
```

运行结果如下图所示：

```
the top of our group is: 145  Robinson,S.      9.56
```

【内容7】
```c
#include <stdio.h>
#include <stddef.h>
#include <stdlib.h>
#define LEN sizeof(STU)
#define ERRNUM -1
typedef struct student
{
    int num;
    float score;
    struct student *next;
}STU;
int n;

STU *creat(void)
{
    STU *head,*p1,*p2;
    n=0;
    head=NULL;
    p1=(STU *)malloc(LEN);
    puts("\n please input student information:num,score:\n");
    scanf("%d,%f",&p1->num,&p1->score);
    while(p1->num !=ERRNUM)
    {
        n+=1;
        if(n==1)head=p1;
        else    p2->next=p1;
        p2=p1;
        p1=(STU *)malloc(LEN);
        scanf(" %d,%f",&p1->num,&p1->score);
    }
    p2->next=NULL;
    return(head);
}

void print(STU *head)
{
    STU *p;
    p=head;
    while(p!=NULL)
    {
        printf(" num:%d,    score:%.2f\n",p->num,p->score);
        p=p->next;
    }

}

void print_std(STU *head,int num)
{
    STU *p;
    p=head;
```

```
    while(p!=NULL)
    {
        if(p->num==num){
            printf(" num:%d,    score:%.2f\n",p->num,p->score);
            return;
        }
        p=p->next;
    }
    puts("There is no such number\n");
    return;
}

int main()
{
    STU *h,std;
    h=creat();
    printf(" %d students:\n",n);
    print(h);
    puts("please input num:\n");
    scanf("%d",&std.num);
    print_std(h,std.num);
    return 0;
}
```

运行结果如下图所示：

【内容 8】

输出结果为：

A

65

u1.n 和 u1.c 共用存储，两个成员首地址相同。u1.c 为 char 类型，是较小的整数，u1.c='A';，相当于对存储的低字节赋值'A'。

8.3.3　综合与拓展

【练习 1】

（1）输出结果为：456,Claire,f,6.72, 456,Edward,f,6.72

解析：函数 f 的参数 name 为 char 类型的指针，strcpy(name,"Edward")将 name 指向的对象即主函数中的 b.name 替换为"Edward"；f 的另外两个形参不能改变主函数中的 b.sex 和 b.payRate。

（2）填空后的程序为：

```c
#include <stdio.h>
#include <string.h>
typedef struct PayRecord
{
    int idNum;
    char name[20];
    char sex;
    float payRate;
}STAFF;
void f(STAFF *p)
{
    strcpy(p->name,"Edward");
    p->sex='m';
    p->payRate=9.55;
}
int main()
{
    STAFF a={456,"Claire",'f',6.72},b={306,"Alice",'f',5.85};
    b=a;
    printf("%d,%s,%c,%.2f,",b.idNum,b.name,b.sex,b.payRate);
    f(&b);
    printf("%d,%s,%c,%.2f,",b.idNum,b.name,b.sex,b.payRate);
    return 0;
}
```

【练习 2】

```c
#include <stdio.h>
#include <string.h>
typedef struct st{
    char num[20];
    char name[20];
    float score[3];
    float ave;
}STU;
```

```c
void getst(STU *pst)
{
    puts("please input the studend No.:");
    scanf("%s",pst->num);
    puts("please input the Name of student:");
    scanf("%s",pst->name);
    puts("please input the Scores of 3 courses(spaced by comma):");
    scanf("%f,%f,%f",&pst->score[0],&pst->score[1],&pst->score[2]);
    pst->ave=(pst->score[0]+pst->score[1]+pst->score[2])/3;
    return;
}
void writest(STU *pst)
{
    printf("studend No.:%6s name:%10s\n",pst->num,pst->name);
    printf("score:%5.1f,%5.1f,%5.1f\n",pst->score[0],pst->score[1],pst->score[2]);
    printf("ave:%5.1f\n",pst->ave);
    return;
}

int main()
{
    STU st[5];
    char name[20];
    int k,flag=0;
    /*输入所有学生的资料*/
    for(k=0;k<5;k++){
        printf("\nn=%d\n",k+1);/*输出学生序号*/
        getst(&st[k]);
    }
    /*输出所有学生的资料*/
    /*
    for(k=0;k<5;k++){
        printf("\nn=%d\n",k+1);
        writest(&st[k]);
    } */
    /*键盘输入某个学生的名字，如果有这个名字的记录，调用 writest 输出该生的
资料*/

    printf("\nplease input the name to lookup:");
    scanf("%s",name);
    for(k=0;k<5;k++)
        if(strcmp(name,st[k].name)==0){
            flag=1;
            writest(&st[k]);
        }
    if(flag==0)
        printf("there is no %s in database\n",name);
    return 0;
}
```

调用函数 getst 进行学生资料的键盘输入，输出 Wangfang 的资料如下图所示：

```
n=1
please input the studend No.:
232101
please input the Name of student:
Lihua
please input the Scores of 3 courses(spaced by comma):
80,79.5,87

n=2
please input the studend No.:
232102
please input the Name of student:
Zhouhaiyan
please input the Scores of 3 courses(spaced by comma):
87,76.5,90

n=3
please input the studend No.:
232103
please input the Name of student:
Wangfang
please input the Scores of 3 courses(spaced by comma):
82.5,86,85
```

```
n=4
please input the studend No.:
232104
please input the Name of student:
Lihanping
please input the Scores of 3 courses(spaced by comma):
85,79,90

n=5
please input the studend No.:
232105
please input the Name of student:
Huanglei
please input the Scores of 3 courses(spaced by comma):
85,90,73

please input the name to lookup:Wangfang
studend No.:232103        name:  Wangfang
score: 82.5,  86.0,  85.0
ave: 84.5
```

【练习 3】

```c
#include <stdio.h>
#include <stddef.h>
#include <stdlib.h>
#include <string.h>
#define N 10
typedef struct st{
    float score;
    char name[20];
```

```
        struct st *next;
}STREC;

STREC *fun(STREC *h)
{
        STREC *highest=h;
        while(h!=NULL)
        {
                if(h->score>highest->score)
                        highest=h;
                h=h->next;
        }
        return highest;
}

STREC *creat (float *s,char **name)
{
        STREC *h,*p,*q;
        int i=0;
        p=(STREC *)malloc(sizeof(STREC));
        while(i<N)
        {
                if(i==0)
                        h=p;/*令表头指向第一个结点*/
                p->score=s[i];strcpy(p->name,name[i]);/*放入一名学生的资料*/
                q=p;
                p=(STREC *)malloc(sizeof(STREC));/*获得一个新的结点*/
                q->next=p; /*将空结点连接到末尾*/
                i++;
        }
        q->next=NULL;/*链表末尾*/
        return h;
}
void outlist(STREC *h)
{
        while(h!=NULL){
                printf("%s,%.2f\n",h->name,h->score);
                h=h->next;
        }
}

int main()
{
        float score[N]={86,75,78,80,90,92,58,63,88,68};
        char *name[N]={"Richard","Ellison","Sunny","Candy","Alice",
                        "Tina","Charles","Danny","Parish","Tom"};
        STREC *h,*highest;
        h=creat(score,name);/*建立链表*/
        outlist(h);/*输出链表*/
        highest=fun(h);/*找到最高分的学生*/
        printf("\nthe highest is:%.2f,%s\n",highest->score,highest->name);
```

```
        return 0
}
```
运行结果如下图所示：

```
Richard, 86.00
Ellison, 75.00
Sunny, 78.00
Candy, 80.00
Alice, 90.00
Tina, 92.00
Charles, 58.00
Danny, 63.00
Parish, 88.00
Tom, 68.00

the highest is:92.00, Tina
```

【练习 4】
```c
#include <stdio.h>
#include <stddef.h>
#include <stdlib.h>
#include <string.h>
#define N 10
typedef struct st{
    float score;
    char name[20];
    struct st *next;
}STREC;

STREC *fun(STREC *h)
{
    STREC *highest=h;
    while(h!=NULL)
    {
        if(h->score>highest->score)
            highest=h;
        h=h->next;
    }
    return highest;
}

STREC *creat (float *s,char **name)
{
    STREC *h,*p,*q,*k;
    int i=0;
    p=(STREC *)malloc(sizeof(STREC));
    p->score=s[i];strcpy(p->name,name[i]);
    while(i<N-1)
    {
        if(i==0) h=p;/*令表头指向第一个结点*/ h->next=NULL;
```

```
        i++;
        p=(STREC *)malloc(sizeof(STREC));
        p->score=s[i];strcpy(p->name,name[i]);

        /*找到新的资料放入的位置*/
        k=h;
        while(strcmp(k->name,p->name)<=0 && k->next!=NULL )
        {
            q=k; k=k->next;
        }

        /*放入一名学生的资料*/
        if(strcmp(k->name,p->name)<=0) /*放在末尾*/
            {k->next=p;p->next=NULL;}
        else if(h==k) /*放在表头*/
            {h=p;p->next=k;}
        else{/*放在中间*/
            q->next=p;
            p->next=k;
            }
        }
    return h;
}

void outlist(STREC *h)
{
    while(h!=NULL){
        printf("%s,%.2f\n",h->name,h->score);
        h=h->next;
    }
}

int main()
{
    float score[N]={86,75,78,80,90,92,58,63,88,68};
    char *name[N]={"Richard","Ellison","Sunny","Candy","Alice",
                    "Tina","Charles","Danny","Parish","Tom"};
    STREC *h,*highest;
    h=creat(score,name);/*建立链表*/
    outlist(h);/*输出链表*/
    highest=fun(h);/*找到最高分的学生*/
    printf("\nthe highest is:%.2f,%s\n",highest->score,highest->name);
    return 0;
}
```

运行结果如下图所示:

```
Alice, 90.00
Candy, 80.00
Charles, 58.00
Danny, 63.00
Ellison, 75.00
Parish, 88.00
Richard, 86.00
Sunny, 78.00
Tina, 92.00
Tom, 68.00

the highest is:92.00,Tina
```

第9章　文　件

【内容1】

（1）略

（2）（3）如下：

```c
#include <stdio.h>
int main()
{
    FILE *fpr,*fpw;
    char c;
    fpr=fopen("inE1_c9.txt","r");
    fpw=fopen("outE1_c9.txt","a");
    while((c=fgetc(fpr))!=EOF)
        fputc(c,fpw);
    rewind(fpr);
    /*fseek(fpr,0L, SEEK_SET);*/
    while((c=fgetc(fpr))!=EOF)
        fputc(c,fpw);
    fclose(fpr);
    fclose(fpw);
    return 0;
}
```

【内容2】

```c
#include <stdio.h>
int main()
{
    FILE *fp;
    fp=fopen("essay.txt","r");
    int na=0;
    while(fgetc(fp)!=EOF)
        na++;
    printf("The total number of characters is:%d\n",na);
    fclose(fp);
    return 0;
}
```

【内容 3】

```c
#include <stdio.h>
#include <ctype.h>
int main()
{
    FILE *fpr,*fpw;
    char s[50],*q;
    fpr=fopen("inE2_c9.txt","r");
    fpw=fopen("outE2_c9.txt","w");
    while((fgets(s,50,fpr))!=NULL){
        for(q=s;*q!='\0';q++)
            *q=toupper(*q);
        fputs(s,fpw);
    }
    fclose(fpr);
    fclose(fpw);
    return 0;
}
```

【内容 4】 略

【内容 5】

```c
#include <stdio.h>
/*typedef struct PayRecord
{
    int idNum;
    char name[20];
    char sex;
    float payRate;
}STAFF;*/

void outSTAFF(char *filename)
{
    int idNum;
    char name[20];
    char sex;
    float payRate;
    FILE *fp;
    fp=fopen(filename,"r");
    while(fscanf(fp,"%d %s %c %f",&idNum,name,&sex,&payRate)!=EOF)
        printf("%-8d%-15s%-3c%-6.2f\n",idNum,name,sex,payRate);
    fclose(fp);
}

int main()
{
    int idNum;
    char name[20];
    char sex;
```

```
    float payRate;
    FILE *fp;
    fp=fopen("payrecord_b5.txt","a+");
    puts("please input the Employee information(%d %s %c %f).");
    puts("When you finish,enter \"End of input\" :");
    while(scanf("%d %s %c %f",&idNum,name,&sex,&payRate)==4)
        fprintf(fp,"%-8d%-15s%-3c%-6.2f\n",idNum,name,sex,payRate);
    fclose(fp);
    outSTAFF("payrecord_b5.txt");
}
```

参考文献

[1] BRIAN W K，DENNIS M R. C 程序设计语言. 第二版. 徐宝文，李志，译. 北京：机械工业出版社，2019.

[2] 谭浩强. C 程序设计. 第五版. 北京：清华大学出版社，2017.

[3] GARY J B. 标准 C 语言基础教程. 第四版. 北京：电子工业出版社，2006.

[4] 王朝晖，黄蔚. C 语言程序设计学习与实验指导. 第三版. 北京：清华大学出版社，2016.

[5] 励龙昌，虞铭财，陆岚，等. C 语言程序设计实验教程. 杭州：浙江大学出版社，2013.

[6] 蔡木生，黄君强，毛养红，等. C 语言程序设计实验指导 . 北京：清华大学出版社，2014.

[7] 夏宝岚，夏耘，张慕容. C 程序设计实验教程. 上海：华东理工大学出版社，2001.

[8] 全国计算机等级考试命题研究组. 全国计算机等级考试笔试题分类精解与应试策略. 二级 C 语言程序设计. 天津：南开大学出版社，2006.

[9] 全国计算机等级考试命题研究中心. 全国计算机等级考试一本通：真题题库+冲刺试卷+上机实战. 二级 C 语言程序设计. 北京：北京理工大学出版社，2016.

[10] 全国计算机等级考试命题研究中心，未来教育教学与研究中心. 全国计算机等级考试真题汇编与专用题库. 二级 C 语言. 北京：人民邮电出版社，2018.